VADE-MECUM

DES

VÉTÉRINAIRES MILITAIRES

VADE-MECUM

DES

VÉTÉRINAIRES MILITAIRES

(Active, Réserve et Armée territoriale)

ÉTABLI PAR LES SOINS

DE LA SECTION TECHNIQUE VÉTÉRINAIRE

2e SUPPLÉMENT

ARRÊTÉ A LA DATE DU 1er MARS 1911

BERGER-LEVRAULT
ÉDITEURS
PARIS
RUE DES BEAUX-ARTS, 5-7

L. FOURNIER
ÉDITEUR
PARIS
BOULEVARD SAINT-GERMAIN, 264

1911

PERSONNEL

Circulaire modifiant l'instruction du 23 octobre 1908 déterminant les conditions dans lesquelles est accomplie la première année de service des jeunes gens visés par les articles 23 et 26 de la loi du 21 mars 1905

(É. M., vol. 55²; *V.-M.*, p. 13) Paris, le 23 septembre 1910.

En raison de la publication du décret du 25 mai 1910 sur le service intérieur, le paragraphe intitulé « Service intérieur » dans les programmes d'examen de fin d'année annexés à l'instruction du 23 octobre 1908 sera, pour toutes les armes, remplacé par le suivant :

SERVICE INTÉRIEUR

Titre III. Le capitaine. — Chapitres VI et VII.

Titre IV. Discipline générale. — Chapitre IX. — Chapitre X, article 39. — Chapitre XI (pour les militaires des armes montées).

Titre V. Les services. — Chapitres XII, XIV, XV. — Chapitre XVI, article 108. — Chapitre XVII, article 123 (pour les militaires des armes montées). — Chapitre XVIII. — Chapitre XXIII.

Titre VI. Cérémonial. — Chapitre XXIV, article 165.

Titre VII. Les sanctions. — Chapitres XXVII, XXVIII, XXIX. — Chapitres XXXI, XXXII. — Chapitre XXXIV.

Titre IX. Dispositions particulières aux diverses armes. — Troupes métropolitaines. — Chapitre XXXVIII, article 226 (pour les militaires de la cavalerie). — Chapitre XXXIX, article 231 (pour les militaires de l'artillerie).

Personnel

Instruction pour l'admission à l'emploi d'aide-vétérinaire stagiaire à l'École d'application de cavalerie — Programme des connaissances exigées

Document abrogé : Instruction du 19 juin 1909 (*B. O.*, P. S.)

Document modifié : Instruction du 29 juin 1904 sur le service intérieur de l'École d'application de cavalerie

(É. M., vol. 32[1]) Paris, le 23 mai 1910.

CONDITIONS D'ADMISSION AU CONCOURS

Les candidats devront remplir les conditions ci-après indiquées :

1° Être né ou naturalisé Français;

2° Avoir obtenu le diplôme de vétérinaire dans une des trois écoles vétérinaires de France, ou être candidat à ce diplôme;

3° Avoir eu moins de trente ans au 1er janvier de l'année du concours;

4° Être célibataire ou veuf sans enfants;

5° Réunir les qualités physiques requises pour le service militaire;

6° Souscrire un engagement de servir comme vétérinaire militaire pendant six ans, à partir de l'expiration du stage.

PIÈCES A PRODUIRE PAR LES CANDIDATS

Les candidats qui sollicitent l'autorisation de concourir doivent adresser leur demande au ministre de la guerre (bureau des remontes) en ayant soin d'indiquer l'école dans laquelle ils ont obtenu leur diplôme ou auront terminé leurs études et le chef-lieu de ressort vétérinaire où ils désirent faire leur composition écrite.

Les candidats civils joignent à leur demande les pièces suivantes :

1° Acte de naissance dûment légalisé;

2° Certificat de bonnes vie et mœurs délivré par l'autorité civile; cette pièce doit être visée par le préfet du département;

3° Attestation de cette même autorité civile spécifiant que le candidat est célibataire ou veuf sans enfants;

4° Certificat d'aptitude physique, délivré par un officier de recrutement;

5° Certificat délivré par le même service et indiquant la situation du candidat au point de vue militaire;

6° Extrait du casier judiciaire;

7° Copie certifiée du diplôme;

8° Certificat d'aptitude à l'emploi de vétérinaire auxiliaire, s'il y a lieu;

9° Indication du domicile où devra leur être fait le renvoi de leurs pièces s'ils ne sont pas reçus.

Les candidats présents sous les drapeaux adressent leurs demandes par la voie hiérarchique. Elles doivent être accompagnées des pièces énoncées ci-dessus, sauf celles figurant sous les numéros 2° ,3° et 5°; ils produisent en outre :

1° Un état signalétique et des services;

2° Un certificat de bonne conduite;

3° Un relevé des punitions.

Ils feront toujours leur composition écrite dans le centre désigné le plus proche de leur garnison; à l'époque des examens, ils auront droit à des permissions dont la durée sera calculée d'après le temps nécessaire au voyage et à l'examen.

NATURE ET FORME DES ÉPREUVES — DATES AUXQUELLES ELLES ONT LIEU

Les épreuves portent sur les matières indiquées dans le programme ci-annexé. Elles consistent en :

1° Une composition écrite dite d'admissibilité sur un sujet de pathologie, de physiologie, d'hygiène ou d'inspection des viandes de boucherie;

2° Une épreuve orale sur une partie quelconque de la médecine vétérinaire;

3° Un examen pratique sur un cheval sain ou malade, sur les denrées fourragères et la ferrure;

4° Une épreuve pratique sur l'examen des viandes de boucherie.

ÉPREUVE ÉCRITE D'ADMISSIBILITÉ

La composition écrite se fera à Paris, à Lyon, à Toulouse et, au besoin, dans d'autres chefs-lieux de ressorts vétérinaires.

Des lettres de convocation seront adressées, en temps utile, aux intéressés.

Quatre heures sont accordées pour la composition écrite.

Le sujet est le même pour tous les candidats. Le ministre, quelques jours avant la date fixée pour la composition, fait effectuer l'envoi du sujet donné, avec les imprimés nécessaires, aux généraux commandant les corps d'armée. Cet envoi est fait sous plis scellés; le sujet mis sous une enveloppe spéciale.

Le vétérinaire principal, directeur du ressort vétérinaire, désigne un vétérinaire-major ou en 1er pour surveiller la composition écrite et dresser le procès-verbal de la séance, lequel doit relater les divers incidents qui se seraient produits. Ce vétérinaire décachette, en présence des candidats, l'enveloppe renfermant le sujet de la composition. Le procès-verbal de la séance doit constater si le cachet était intact.

Le vétérinaire militaire désigné veille, sous sa responsabilité personnelle, à ce que la composition soit faite dans les conditions de sincérité les plus absolues.

Personnel

Il s'assure, d'ailleurs, avec le plus grand soin, que les candidats n'ont en leur possession ni ouvrage, ni manuscrit, ni notes susceptibles de les aider dans leur travail. Les candidats ne peuvent sortir avant d'avoir remis leur composition.

Il les prévient que toute consultation d'un document quelconque, toute communication entre eux, entraîne l'exclusion du concours. L'écriture des compositions doit être très lisible.

Un sous-officier, choisi avec soin par le commandement dans l'un des corps de la garnison, est mis à la disposition du vétérinaire surveillant.

La composition est faite sur des feuilles à en-tête imprimé envoyées du ministère de la guerre.

Chaque candidat inscrit, sur la feuille de tête, son nom et ses prénoms. Il date et appose sa signature dans une case ménagée à cet effet. Il signe de même, et exactement à la place indiquée, les feuilles intercalaires. Du papier écolier est délivré pour établir le brouillon.

A l'expiration du temps accordé pour la composition, les copies sont recueillies et placées immédiatement, en présence des candidats, dans une très solide enveloppe portant en suscription l'indication de son contenu. Cette enveloppe est scellée et contresignée par le vétérinaire militaire, et remise par lui, sans délai, au général commandant le corps d'armée, qui l'envoie *le jour même* au ministre, sous un pli chargé renfermant également le procès-verbal de la séance.

Ce pli doit être confectionné de manière à parvenir intact au ministère. Il portera, en caractères très apparents : « Concours pour l'emploi d'aide-vétérinaire stagiaire. — Très confidentiel. »

CORRECTION DES COMPOSITIONS

Avant la remise des compositions au président de la commission, la partie de chacune des feuilles dans laquelle se trouvent le nom et la signature du candidat est détachée. Il y est substitué un numéro d'ordre. Les parties enlevées, qui ont reçu le même numéro d'ordre, sont mises sous scellés. Les compositions sont soumises au jugement d'une commission nommée par le ministre et composée de vétérinaires militaires.

Dès que les corrections sont terminées, les compositions sont renvoyées au ministre par le président de la commission, accompagnées d'un état général indiquant, en regard du numéro d'ordre de chaque composition, le nombre de points qu'elle a obtenus.

L'enveloppe contenant les en-têtes est alors ouverte et les noms des candidats sont inscrits sur l'état général, à l'aide du numéro d'ordre de l'en-tête, correspondant à celui de la composition.

Le ministre fixe le nombre des candidats déclarés admissibles parmi ceux ayant obtenu les deux tiers au moins du maximum des points attribués à cette épreuve.

La liste en est immédiatement publiée au *Journal officiel* de la République française. Cette publication tient lieu de notification individuelle.

ÉPREUVES DÉFINITIVES

L'épreuve orale et l'examen pratique auront lieu devant une commission qui opérera successivement :

A Lyon, pour les élèves de l'école de Lyon;

A Toulouse, pour les élèves de l'école de Toulouse;

A Paris, pour les élèves de l'école d'Alfort.

Les candidats sous les drapeaux seront dirigés par l'autorité militaire compétente sur le centre d'examen le plus voisin de leur résidence, sans distinction de leur école d'origine.

A Lyon et à Toulouse, l'épreuve orale sera subie dans les bureaux du directeur du ressort vétérinaire.

A Paris, elle aura lieu au ministère de la guerre, 75, rue de l'Université.

Les épreuves pratiques seront subies dans un des corps de troupe à cheval désigné par le commandant d'armes à la diligence du président de la commission d'examen.

Ne peuvent prendre part aux épreuves orale et pratique que les candidats admissibles pourvus du diplôme de vétérinaire ou qui présenteront un certificat d'un directeur d'école vétérinaire constatant qu'ils ont subi avec succès les épreuves donnant droit à l'obtention de ce diplôme.

La question orale est tirée au sort par chacun des candidats; il est accordé quinze minutes de réflexion, et quinze autres minutes pour la traiter devant la commission et répondre à des questions incidentes sur toutes les parties de la médecine vétérinaire se rapportant au sujet traité.

La durée des examens pratiques est fixée à quinze minutes pour le cheval sain ou malade, les denrées fourragères et la ferrure, et à dix minutes pour les viandes de boucherie.

CLASSEMENT DÉFINITIF DES CANDIDATS

L'appréciation des candidats, pour chacune des épreuves qu'ils ont à subir, est exprimée par un chiffre de 0 à 20.

L'importance relative des diverses épreuves dans le classement est déterminée par les coefficients suivants :

1° Composition écrite	10
2° Épreuve orale	7
3° Examen pratique du cheval et des denrées fourragères	3
4° Examen pratique des viandes de boucherie	3
5° Notes obtenues dans les écoles vétérinaires	5

Les directeurs des écoles nationales vétérinaires sont invités à tra-

Personnel

duire leurs appréciations en chiffres, d'après la cote 0 à 20, et en donnant à ces chiffres l'interprétation suivante :

0, 1	Nul.
2, 3	Très mal.
4, 5	Mal.
6, 7	Médiocre.
8, 9, 10	Passable.
11, 12, 13	Assez bien.
14, 15	Bien.
16, 17, 18	Très bien.
19, 20	Parfaitement.

Après la dernière épreuve, la commission procède, en séance particulière, au classement des candidats, par ordre de mérite.

A égalité de points dans le classement, la priorité est acquise au candidat qui a obtenu la supériorité dans l'épreuve écrite.

La liste des candidats admis est arrêtée par le ministre, d'après l'ordre de classement, jusqu'à concurrence du nombre d'emplois à pourvoir.

Ceux de ces candidats, qui n'ont pas antérieurement signé l'engagement de servir pendant six ans dans l'armée, comme vétérinaires, à partir de l'expiration du stage à l'École d'application de cavalerie, contractent cet engagement lors de leur rentrée à l'école.

DISPOSITIONS GÉNÉRALES

Les candidats admis en qualité d'aides-vétérinaires stagiaires sont classés d'après le numéro de mérite qu'ils ont obtenu au concours et ils forment deux catégories :

1° Ceux soumis à la loi du 21 mars 1905;

2° Ceux soumis à la loi du 15 juillet 1889.

Ceux de la première catégorie doivent faire une année de service dans un corps de troupe à cheval, aux conditions ordinaires, avant leur entrée à Saumur.

Ceux de la seconde catégorie prennent rang comme stagiaires d'après le numéro de classement qu'ils ont obtenu entre eux à l'examen d'admission.

Les aides-vétérinaires stagiaires sont, à leur arrivée à l'École, soumis à une contre-visite des officiers du corps de santé militaire, pour bien constater qu'ils réunissent toutes les qualités physiques requises pour le service militaire.

Pendant leur séjour à l'École, ils sont soumis à la discipline militaire et reçoivent la solde afférente à leur emploi, telle qu'elle est déterminée par les tarifs en vigueur.

Ils ont droit, en outre, à une indemnité de première mise d'équipement, fixée à 575 francs, et qui leur est payée à leur arrivée à l'École.

Les aides-vétérinaires stagiaires, qui ont subi d'une manière satisfaisante l'examen de sortie, sont nommés aides-vétérinaires dans les corps de troupe à cheval, et reçoivent une indemnité de première mise de harnachement de 295 francs.

Ceux qui ne satisfont pas à l'examen de sortie sont licenciés, et, s'ils appartiennent à l'armée comme soldats, sont envoyés immédiatement dans les régiments, pour y faire leur temps de service.

Toutefois, les aides-vétérinaires stagiaires qui n'ont pas satisfait aux examens de sortie, par suite de maladie régulièrement constatée, peuvent être autorisés à faire un nouveau stage.

Après leur sortie de l'École d'application de cavalerie (1), ils accomplissent, à Paris du 1er au 30 septembre, un stage pour se confirmer dans la pratique de l'inspection des viandes de boucherie. Ils doivent à cet effet se présenter au ministère de la guerre, rue de l'Université, 75, le 1er septembre à 9 heures du matin, pour prendre les instructions du vétérinaire principal chef de la section technique.

Les vétérinaires militaires qui demandent à quitter le service par démission, avant d'avoir pu accomplir la durée de leur engagement, sont tenus de rembourser au Trésor la somme de 870 francs, montant de la première mise allouée tant au commencement qu'à l'issue du stage.

Les offres de démission ne seront, d'ailleurs, acceptées que dans des cas tout à fait exceptionnels.

Programme des connaissances exigées pour le concours d'admission à l'emploi d'aide-vétérinaire stagiaire

PHYSIOLOGIE

Le sang. — La lymphe. — Éléments figurés et plasma, matières albuminoïdes. — Sucre, gaz du sang. — Matière colorante. — Coagulation du sang. — Rôle physiologique du sang.

Physiologie générale du muscle. — Élasticité, tonicité, contractilité, contraction. — Phénomènes chimiques de la contraction musculaire.

Excitabilité du nerf, conductibilité. — Phénomènes électriques et thermiques. — Nerfs centripètes. — Nerfs centrifuges.

Propriétés de la cellule nerveuse. — Pouvoir réflexe. — Automatisme. — Action trophique.

Généralités sur la digestion. — Mastication, insalivation. — Rôle physiologique des salives.

---

(1) *Circulaire relative à la date d'arrivée dans les corps de troupe et services des officiers sortant des écoles militaires*

(É. M., vol. 32[1]) Paris, le 10 mars 1911.

Les officiers sortant de l'École d'application de l'artillerie et du génie, de l'École d'application de cavalerie....., nommés officiers, rejoindront, à l'avenir, leurs corps ou services à la date du 1er octobre.

Personnel

Digestion gastrique. — Suc gastrique.

Digestion intestinale. — Bile, suc pancréatique. — Suc entérique.

Absorption en général. — Absorption digestive.

Circulation cardiaque, artérielle, capillaire, veineuse, lymphatique.

Respiration. — Phénomènes physiques. — Modifications chimiques de l'air respiré.

Modification du sang pendant la respiration.

Sécrétion urinaire et urine.

Sécrétion sudorale, sébacée.

Fonctions de la moelle épinière, du bulbe, de la protubérance, des pédoncules cérébraux, du cervelet, des tubercules quadrijumeaux, des couches optiques, des hémisphères cérébraux.

Sensations. — Organes des sens. — Bouche, goût, odorat, ouïe, vue.

Locomotion en général.

De la génération à un point de vue général. — Conditions de la fécondation, accouplement, gestation. — Fonctions du fœtus.

PATHOLOGIE GÉNÉRALE

Influence pathogène des aliments. — Insuffisance. — Excès. — Distribution irrégulière. — Action nocive due à leurs propriétés physiques, à leur composition chimique, à la présence de plantes toxiques, d'agents infectieux, et à des altérations diverses.

Action pathogène des boissons. — Insuffisance, excès, température. — Composition. — Parasites. — Agents infectieux.

Action pathogène des habitations. — Influence pathogène de l'inaction et du surmenage. — Influence du tondage.

Symptômes et signes fournis par l'appareil digestif. — Troubles de la faim et de la soif. — Signes fournis par l'examen de la bouche, du pharynx, de l'œsophage, — Troubles de la déglutition.

Examen de la cavité abdominale. — Modifications de volume. — Déformation. — Percussion. — Auscultation. — Éructation. — Nausées. — Vomissement. — Signes fournis par les matières vomies. — Signes fournis par l'exploration rectale, par l'examen des excréments.

Symptômes et signes fournis par l'appareil respiratoire. — Exploration du nez, des cavités nasales, des sinus, des poches gutturales, du larynx et de la trachée. — Toux, jetage, expectoration. — Signes tirés de l'examen du jetage.

Examen de la poitrine. — Inspection, palpation. — Percussion.

Symptômes et signes fournis par l'appareil circulatoire. — Inspection, palpation, percussion et auscultation du cœur. — Variations physiologiques et bruits pathologiques. Intermittences, irrégularités, dédoublements. — Souffles. — Signification diagnostique.

Personnel

Circulation artérielle. — Pouls, exploration. Caractères du pouls normal. — Ses modalités pathologiques et leur signification.

Circulation veineuse. — Exploration des veines. — Pouls veineux.

Circulation lymphatique. — Exploration des vaisseaux et des ganglions lymphatiques.

Symptômes et signes fournis par l'appareil de l'innervation. — Troubles de la motilité, de la sensibilité, des organes des sens. — Vertige, immobilité, rétivité. — Tics. — Signes fournis par l'examen de l'œil et de l'oreille.

Symptômes et signes fournis par l'appareil urinaire. — Signes fournis par l'examen physique, microscopique, et par l'analyse chimique de l'urine. — Symptômes et signes fournis par l'examen des organes génitaux chez les mâles et chez les femelles.

PATHOLOGIE MÉDICALE

Maladies de l'appareil digestif. — Stomatites. — Glossites. — Paralysie de la langue.

Parotidite. — Pharyngite aiguë et chronique.

Indigestion stomacale chez le cheval.

Congestion intestinale.

Indigestion intestinale aiguë et chronique.

Occlusion intestinale (volvulus, invagination, calculs, tumeurs).

Gastro-entérite aiguë et chronique.

Parasites intestinaux.

Affections du foie. — Ictère, congestion, déchirure, calculs, tumeurs, parasites. — Hépatite aiguë.

Maladies de l'appareil génito-urinaire. — Néphrites aiguës et chroniques. — Lithiase rénale. — Tumeurs et parasites du rein.

Pyélite, pyélo-néphrite, obstruction des uretères, cystite, lithiase rénale. — Paralysie de la vessie.

Affections de l'ovaire. — Ovarite. — Tumeurs.

Affections du péritoine. — Péritonite aiguë et chronique.

Maladies de l'appareil respiratoire. — Coryza aigu et chronique; sinusites.

Laryngite aiguë et chronique.

Bronchite aiguë et chronique.

Congestion pulmonaire.

Pneumonie aiguë sporadique.

Broncho-pneumonie.

Emphysème pulmonaire.

Maladies de la plèvre. — Pleurésies aiguës et chroniques.

Personnel

Maladies de l'appareil circulatoire. — Péricardite aiguë et chronique. — Hydropéricarde.

Endocardite aiguë et chronique. — Lésions valvulaires. — Troubles fonctionnels consécutifs.

Myocardite aiguë et chronique. — Dégénérescence graisseuse. — Déchirures.

Hypertrophie du cœur. — Palpitations. — Spasme diaphragmatique. — Angine de poitrine.

Maladies des artères. — Artérite aiguë. — Artério-sclérose. — Athérome.

Anévrismes. — Ruptures des artères. — Thromboses artérielles.

Maladies du système nerveux. — Congestion et hémorragie cérébrales. — Méningo-encéphalite, abcès et tumeurs de l'encéphale.

Méningo-myélite. — Syringo-myélite. — Compression de la moelle.

Maladies de la peau non parasitaires. — Érythème, acné du tondage. — Dermatite papuleuse des membres. — Urticaire. — Eczéma. — Alopécie.

Affections microbiennes. — Impétigo. — Dermatite pustuleuse contagieuse.

Teignes du cheval.

Maladies du sang. — Anémie pernicieuse du cheval. — Trypanosomiases.

Maladies infectieuses. — Pasteurellose. — Maladies typhoïdes. — Pneumonie contagieuse.

Gourme.

Anasarque.

Paraplégie infectieuse. — Hémoglobinémie.

PATHOLOGIE CHIRURGICALE

Moyens de contention.

Hémostases. — Cautérisation. — Ligature. — Torsion.

Cautérisation.

Inflammation. — Abcès. — Gangrènes. — Fistules. — Corps étrangers.

Plaies. — Contusions. — Épanchements traumatiques.

Insolation. — Coups de chaleur.

Fièvre traumatique. — Infection purulente. — Septicémie chirurgicale.

Hygromas en général. — Éponge, capelet.

Éparvin sec.

Tendons. — Plaies. — Contusions. — Ruptures tendineuses. — Efforts de tendons. — Helminthiase tendineuse; bouleture. — Arqûre.

Synovites tendineuses. — Synovites traumatiques. — Synovites infectieuses. — Synovites chroniques.

Artères. — Plaies. — Ruptures. — Anévrismes. — Artérite et thrombose.

Veines. — Lésions traumatiques. — Thrombus. — Phlébite et thrombose.

Lymphangites. — Lymphangites traumatiques. — Lymphangites spécifiques. — Adénites.

Nerfs. — Lésions traumatiques. — Névromes. — Paralysies.

Os. — Plaies. — Fractures incomplètes et complètes.

Fractures des membres.

Carie. — Ostéomyélite suppurée. — Nécrose. — Exostoses.

Articulations. — Contusions. — Entorses. — Entorses des membres. — Luxations. — Accrochement de la rotule.

Plaies péri-articulaires. — Plaies pénétrantes. — Arthrites traumatiques. — Arthrites infectieuses.

Hydarthroses. — Hydarthroses des membres.

Arthrite sèche déformante.

Crâne et cerveau. — Contusions et plaies du crâne; fractures. — Commotion cérébrale. — Tumeurs. — Hydrocéphalie. — Immobilité.

Rachis et moelle. — Entorse cervicale. — Entorse dorso-lombaire. — Fractures du rachis. — Paralysies médullaires. — Paraplégies.

Maladies de l'œil. — Examen de l'œil. — Éclairage latéral, direct; de la réfraction.

Lésions traumatiques. — Conjonctivites. — Kératites. — Iritis et irido-choroïdite. — Fluxion périodique. — Cataracte.

Maladies de la rétine et du nerf optique.

Ophtalmie sympathique.

Maladies de l'appareil lacrymal.

Inflammation et collection purulente des poches gutturales.

Nez. — Lésions traumatiques. — Fracture des os et de la cloison cartilagineuse.

Cavités nasales. — Lésions traumatiques. — Épistaxis. — Catarrhe nasal. — Affections inflammatoires de la cloison.

Sinus. — Lésions traumatiques. — Inflammation et collection purulente des sinus. — Trépanation. — Corps étrangers. — Tumeurs.

Maladies des mâchoires. — Fractures, tumeurs, luxations, paralysie.

Maladies de la bouche. — Lésions traumatiques et affections inflammatoires de la cavité buccale.

Affections des dents.

Maladies du pharynx. — Affections traumatiques et inflammatoires, corps étrangers, parasites.

Maladies des glandes salivaires. — Lésions traumatiques et affections inflammatoires; calculs.

Maladies du cou. — Lésions traumatiques et affections inflammatoires de la nuque et de l'encolure.

Maladies du larynx et de la trachée. — Lésions traumatiques. — Affections inflammatoires. — Cornage. — Aryténoïdectomie. — Trachéotomie.

Maladies de l'œsophage. — Plaies, ruptures, fistules, obstructions, jabot, paralysie.

Maladies du garrot, du dos et des lombes; affections traumatiques.

Affections chirurgicales de la poitrine. — Plaies, abcès, tumeurs, nécrose, fractures des côtes. — Épanchement thoracique. — Thoracenthèse.

Lésions traumatiques et inflammatoires de l'abdomen. — Contusions. — Abcès. — Tumeurs. — Plaies. — Ponction du cœcum. — Hernies.

Maladies de l'anus et du rectum. — Lésions traumatiques. — Affections inflammatoires. — Fistules à l'anus. — Renversement du rectum.

Maladies de la vessie. — Lésions traumatiques, ruptures, calculs, extraction des calculs. — Renversement.

Maladies de l'urèthre. — Corps étrangers et calculs. — Rétention et incontinence d'urine, fistules urinaires.

Maladies des organes génitaux. — Castration des cryptorchides, des phanérorchides. — Lésions traumatiques du pénis et du fourreau. — Paralysie et ablation du pénis.

Maladies de la vulve. — Lésions traumatiques, affections inflammatoires.

Maladies du vagin. — Lésions traumatiques. — Corps étrangers. — Affections inflammatoires. — Prolapsus et renversement.

Maladies de l'utérus. — Métrite, métro-péritonite. — Prolapsus.

Maladies de l'ovaire. — Tumeurs, ovariotomie.

Queue. — Lésions traumatiques. — Affections inflammatoires et parasitaires. — Paralysie. — Amputation. — Myotomie. — Névrotomie coccygienne.

Pied. — Considérations générales anatomiques. — Amincissement, avulsion. — Seimes, kéraphyllocèles. — Traumatismes de la région coronaire, de la région plantaire, clou de rue, piqûre, enclouure, brûlure. — Javart cartilagineux, bleimes. — Podo-dermatite. — Fourbure. — Maladie naviculaire. — Encastelure. — Anomalies et défectuosités du pied.

MALADIES CONTAGIEUSES ET PARASITAIRES

Le microbe. — Définition. — Catégories (moisissures, bactéries, protozoaires). — Classification des bactéries. — Structure des bactéries.

Reproduction. — Répartition des bactéries dans le milieu extérieur. — Microbes de l'air, de l'eau, du sol.

Présence des bactéries dans l'organisme sain. — Virulence et saprophytisme. — Microbisme latent. — Affections latentes.

Les toxines microbiennes, toxines solubles et endotoxines. — Conditions de la sécrétion des toxines. — Effets physiologiques des toxines. — Leur action élective sur les centres nerveux, sur le sang.

De la virulence, de son appréciation. — Conservation, modification de la virulence. — Augmentation. — Diminution. — Procédés expérimentaux utilisés pour son atténuation.

Associations microbiennes. — Infection. — Immunité. — Anaphylaxie.

Théories de l'immunité.

Morve. — Historique sommaire. — Espèces affectées. — Épidémiologie. — Bactériologie. — Symptômes.

Morve aiguë.

Morve chronique (cutanée, nasale, laryngotrachéale, pulmonaire).

Diagnostic clinique de la morve. — Diagnostic sur le cadavre.

Inoculation. — Séro-diagnostic. — Malléination. — Étude de la malléine.

Interprétation des résultats.

Rage. — Historique sommaire. — Espèces affectées. — Épidémiologie, bactériologie, symptômes.

Diagnostic sur l'animal vivant, sur le cadavre. — Diagnostic expérimental. — Traitement.

Tuberculose. — Historique sommaire. — Espèces affectées. — Épidémiologie. — Bactériologie. — Symptômes.

Diagnostic clinique sur l'animal vivant, sur le cadavre. — Diagnostic expérimental.

Unicité ou pluralité des tuberculoses. — Immunisation contre la tuberculose. — Prophylaxie.

Différents modes d'emploi de la tuberculine.

Fièvre charbonneuse. — Historique sommaire. — Épidémiologie. — Symptomatologie chez le cheval. — Lésions. — Bactéridie. — Diagnostic sur l'animal vivant, sur le cadavre. — Diagnostic expérimental.

Étiologie. — Immunisation. — Sérothérapie. — Sérovaccination. — Prophylaxie.

Fièvre aphteuse. — Historique sommaire. — Épidémiologie. — Symptomatologie. — Espèces affectées. — Diagnostic. — Étude expérimentale. — Immunisation. — Traitement. — Police sanitaire.

Dourine. — Définition. — Des trypanosomes en général. — Épidémiologie. — Symptômes. — Lésions. — Diagnostic, étiologie, traitement, police sanitaire.

Tétanos. — Historique sommaire. — Étiologie. — Symptomatologie chez le cheval. — Lésions. — Traitement.

Gale. — Historique sommaire. — Variétés chez le cheval. — Étiologie. — Symptomatologie. — Lésions. — Traitement. — Mesures prophylactiques.

Phtiriase. — Mesures prophylactiques. — Traitement.

Personnel

THÉRAPEUTIQUE

Administration, absorption, élimination des médicaments.

Effets physiologiques, accoutumance, antagonisme, antidotisme, accumulation. — Tolérance. — Intolérance.

Antisepsie en général. — Antiseptiques divers.

Antiseptiques minéraux. — Eau oxygénée. — Iode. — Charbon de bois. — Acide borique, borate de soude. — Chaux. — Permanganate de potasse.

Bichlorure de mercure. — Biiodure de mercure. — Argent et ses composés.

Antiseptiques organiques. — Formol. — Iodoforme. — Acide phénique. — Acide picrique. — Goudrons. — Crésyl. — Lysol. — Naphtol. — Salol.

Médicaments antiparasitaires. — Tabac et nicotine. — Benzine. — Pétroles. — Sulfures de potasse.

Médicaments émollients. — Savons, glycérine, vaseline, lanoline.

Médicaments astringents. — Sels de plomb. — Sels de fer. — Sels de cuivre. — Sulfate de zinc, alun.

Médicaments caustiques. — Acides sulfurique, azotique, chlorhydrique.

Médicaments révulsifs. — Moutarde. — Ammoniaque. — Essence de térébenthine.

Médicaments vésicants. — Cantharides. — Euphorbe. — Thapsia.

Médicaments purgatifs. — Huile de ricin. — Sulfate de soude. — Calomel. — Aloès. — Huile de croton. — Pilocarpine. — Ésérine.

Médicaments toniques. — Chlorure de sodium. — Sérum artificiel. — Gentiane. — Quinquina. — Acide arsénieux. — Cacodylate de soude. — Atoxyl. — Noix vomique. — Strychnine.

Médicaments altérants. Mercuriaux. — Pommade mercurielle. — Biiodure de mercure.

Iodurés. — Iodures de potassium et de sodium.

Alcalins. — Carbonate et bicarbonate de soude, bitartrate de potasse.

Médicaments anesthésiques. — Pratique de l'anesthésie. — Chloroforme. — Éther. — Cocaïne.

Hypnotiques. — Opium et ses alcaloïdes. — Morphine. — Chloral hydraté. — Sulfonal.

Antispasmodiques. — Camphre. — Bromure de camphre. — Bromure de potassium. — Atropine.

Médicaments excitants. — Alcool. — Café. — Caféine.

Médicaments antipyrétiques. — Quinine et ses sels. — Aconit. — Vératrine. — Antipyrine. — Antifébrine. — Salicylate de soude.

Médicaments diurétiques. — Nitrate de potassium.

Médicaments expectorants. — Soufre. — Oxysulfure d'antimoine. — Chlorhydrate d'ammoniaque. — Kermès. — Acétate d'ammoniaque. — Sureau. — Tilleul.

Médicaments tonicardiaques. — Digitale et digitaline.

Médicaments vaso-constricteurs. — Ergot de seigle.

ZOOTECHNIE

La variation. — Manifestations, causes. — Lois. — Conséquences zootechniques.

L'hérédité. — Manifestations de l'hérédité normale et de l'hérédité pathologique.

Groupes zootechniques. — Individu, couple, variété, race, espèce.

Des méthodes d'appréciation des qualités individuelles des animaux.

Les méthodes de reproduction. — Consanguinité, sélection, croisement, métissage, hybridation.

Production du travail. — Énergétique musculaire. — Mesure du travail. — Utilisation des moteurs. — Dressage. — Entraînement.

Description des races chevalines. — Encouragements à la production chevaline; organisation de l'administration des haras. — Remontes militaires.

Production et élevage des chevaux. — Services des équidés.

Industrie mulassière.

HYGIÈNE

Définition et programme de l'hygiène.

Circumfusa naturels. — Le sol, l'eau, la lumière, la chaleur, le froid, l'air, l'atmosphère, les climats.

Action du milieu naturel sur les animaux. — Acclimatation. — Acclimatement.

Circumfusa artificiels. — Les habitations et leurs aménagements. — Conditions hygiéniques générales des habitations. — Étude spéciale des écuries.

Applicata. — Vêtements, moyens d'attache et de contention, harnais, instruments de pansage.

Hygiène de la peau. — Pansage, bandage, bains, frictions, massages, onctions; importance des soins de la peau chez les animaux.

Alimentation du cheval. — Généralités, composition de l'aliment.

Énergie potentielle des aliments.— Calcul des éléments nutritifs d'un

Personnel

aliment et d'une ration. — Digestibilité, équivalents nutritifs. — Rapports nutritifs.

De la ration et de ses qualités. — Données pratiques pour l'établissement des rations.

Substitutions alimentaires. — Intérêt économique des substitutions d'aliments. — Conditions des substitutions.

Étude des denrées alimentaires. — Les fourrages, pailles, racines, tubercules, grains, graines, farines et sons, fruits.

Résidus industriels.

Préparations alimentaires. — Distribution des aliments. — Repas. — Des régimes. — Régime du vert.

Les boissons. — Eaux potables, leurs caractères. — Moyen de correction des eaux malsaines. — Boissons alimentaires. — Distribution des boissons.

EXTÉRIEUR

Objet, but et importance de l'extérieur. — Modes d'utilisation et débouchés principaux du cheval. — Divisions du cheval. — Régions.

Des robes, variétés et particularités. — Taille et signalements.

Régions de la tête.

Encolure. — Garrot. — Dos. — Reins. — Croupe.

Poitrine, poitrail, ars, interars, passage des sangles, côtes.

Ventre, flanc, aine, queue, anus, raphé, périnée, organes génitaux, mamelles.

Rôle des membres. — Étude *statique* (mode d'attache au tronc, centres de suspension du corps, ligne directrice, angles articulaires, lignes d'aplomb sur le cheval vu de face et de profil); étude *dynamique* (rôle du jeu articulaire dans l'ambulation, l'amortissement et l'impulsion; exigences particulières du travail en mode de masse et en mode de vitesse, mécanisme de l'amortissement et de l'impulsion).

Épaule. — Bras. — Coude. — Avant-bras. — Genou.

Cuisse, fesse, grasset, jambe, garrot.

Canon, boulet, paturon, couronne.

Pied.

Étude des proportions. — Rapports de dimensions entre les régions (canons hippiques); rapports angulaires des rayons osseux; rapports généraux de l'ensemble.

Sensitivo-motricité. — Conditions du moteur en modes de masse, de vitesse et mixte. — Du fond. Appréciation synthétique, définition. — Attitudes. — Station, décubitus.

Mouvements sur place. — Cabrer. — Ruade.

Généralités sur les allures. — Systèmes de notation.

Amble. — Trot et variétés. — Pas, reculer, galop, saut, défectuosités des allures.

Étude de l'âge ; anatomie des dents. — Caractères de l'âge du cheval. — Irrégularités dentaires.

VIANDES DE BOUCHERIE

Animaux de boucherie. — Races, âges, maniements, qualités, rendement, abatage, habillage.

Coupe et caractères des viandes saines.

Différenciation des viandes. — Caractères anatomiques.

Topographie des ganglions lymphatiques.

Viandes malades. — Viandes maigres, trop jeunes, blanches, infiltrées, odorantes, à coloration anormale.

Viande d'animaux empoisonnés.

Viandes fiévreuses, putréfiées, septicémiques, saigneuses.

Viandes provenant d'animaux atteints de maladies contagieuses ou d'affections parasitaires.

Conservation des viandes.

Produits de charcuterie. — Altération des conserves.

Volailles, gibier.

Stérilisation des viandes. — Dénaturation. — Destruction.

MARÉCHALERIE

Anatomie sommaire du pied au point de vue de la ferrure.

Pieds normaux. — Pieds défectueux.

Du fer à cheval. — Fers à la main et fers à la mécanique. — Des principaux fers orthopédiques et pathologiques. — Indication de leur emploi. — Ferrures à glace.

Accidents de la ferrure.

Personnel

Instruction pour l'application du décret du 15 mars 1901, relatif à l'établissement des tableaux d'avancement et des tableaux de concours pour la Légion d'honneur et la médaille militaire (1)

(Extraits)

(É. M., vol. 22) Paris, le 25 juillet 1910.

PREMIÈRE PARTIE

DISPOSITIONS COMMUNES A TOUTES LES ARMES

§ 1 — Établissement et transmission des propositions

a) *Avancement*

ART. 1. — Les listes de proposition pour l'avancement sont conformes au modèle D, annexé à la présente instruction.

Elles sont établies suivant l'ordre de l'*Annuaire général de l'armée française,* dans les conditions indiquées à l'article 2 du décret du 15 mars 1901 et comprennent tous les officiers qui, remplissant au 31 décembre de l'année de la proposition les conditions d'ancienneté exigées, comptent à l'effectif du corps, à la date du 1er octobre, y compris ceux qui, bien que nommés à un autre corps, ne l'ont pas encore rejoint. Les officiers de réserve et de l'armée territoriale mutés entre le 15 septembre et le 1er octobre, sont notés et proposés au titre de leur ancien corps.

Tous les officiers qui se trouvent dans la première moitié de la liste d'ancienneté, déterminée comme il est dit à l'alinéa 7 du présent article, doivent figurer sur les états D.

Les tableaux d'avancement que ces états servent à établir ne sont valables que pour un an (Décr. 15 mars 1901, art. 1). Ne peuvent donc y être inscrits que les candidats remplissant les conditions voulues pour être promus dans le cours de l'année pendant laquelle les tableaux sont valables.

Tout officier rayé des contrôles de l'activité depuis le 1er octobre de l'année précédente est inspecté et proposé (avancement) au titre du corps ou service où il comptait au moment de son départ.

Les propositions ne peuvent avoir d'effet qu'au titre de la réserve et de l'armée territoriale et seulement pour les officiers qui, lors du dernier travail d'avancement, ont été proposés par le général commandant le corps d'armée pour le grade supérieur dans l'armée active (Décr. 10 déc. 1907, art. 9); les officiers, objet de ces propositions, sont donc compris dans la troisième partie du travail. Les chefs de corps recevront, sur leur demande, communication du classement attribué aux divers

(1) Mise à jour de l'instruction du 15 juin 1908 (*V.-M.*, p. 47 et suiv.).

échelons, dans le dernier travail d'avancement où ils ont figuré, aux candidats proposables après leur radiation des contrôles.

Conformément aux dispositions de l'article 49 de la loi de finances du 26 décembre 1908 (1), ne sont proposables, en principe, pour le grade supérieur, que les chefs de bataillon ou d'escadron, capitaines, lieutenants et assimilés figurant, au 1er juillet de l'année de la proposition, dans la première moitié de la liste d'ancienneté de leur grade, arrêtée d'après l'*Annuaire général officiel de l'armée* pour ladite année. Si, dans un grade déterminé, les officiers qui y ont été promus le même jour se trouvent compris, partie dans la première moitié de la liste d'ancienneté, partie dans la seconde moitié, ces derniers sont considérés comme proposables au même titre que les premiers.

Les officiers en congé de longue durée (dit congé de trois ans) entrent avec leur ancienneté retardée dans la détermination de la première moitié de la liste d'ancienneté de leur grade.

Les officiers des grades mentionnés ci-dessus non compris dans la première moitié de la liste, mais ayant rendu des services exceptionnels, susceptibles de motiver leur inscription au tableau d'avancement, font l'objet d'une proposition distincte complétée par un rapport spécial et n'entrent pas dans le classement prévu à l'article 3 ci-après.

En ce qui concerne les officiers détachés, le chef de corps se borne à les inscrire sur l'état modèle D, sans les noter. Il porte dans la colonne « Observations » la mention : Pour mémoire, détaché à tel corps ou tel service.

Art. 2. — Sont considérés comme corps ou services devant établir les listes modèle D :

Les régiments, les légions, les bataillons, escadrons, groupes, compagnies ou sections formant corps, les fractions autonomes, les fractions détachées sous les ordres d'un autre général de brigade.

Les états-majors, les services de l'intendance, de santé, du recrutement et de la justice militaire, le service vétérinaire et le service des remontes.

Dans le 19e corps d'armée, les chefs de corps établiront leurs états D en y comprenant les officiers des unités détachées sur la frontière algéro-marocaine (Sud-Oranais, zone frontière); mais, en transmettant leur travail à leur général de brigade, ils adresseront en même temps, au général commandant le territoire d'Aïn-Sefra ou au général commandant la subdivision de Tlemcen et la zone frontière, suivant le cas, un état D partiel comprenant les officiers du corps détachés dans ce territoire ainsi que les relevés modèle E de ces officiers.

Le général commandant le territoire d'Aïn-Sefra et le général comman-

---

(1) Art. 49. — A moins de services exceptionnels, dont le détail devra figurer au *Journal officiel*, ne peuvent être inscrits au tableau d'avancement pour le grade supérieur que les chefs de bataillon ou d'escadron, capitaines, lieutenants et assimilés des troupes métropolitaines ou coloniales, figurant au 1er juillet de l'année de la proposition dans la première moitié de la liste d'ancienneté de leur grade.

dant la subdivision de Tlemcen et la zone frontière fusionneront par arme ces états D partiels, donneront aux officiers détachés un numéro de préférence comme généraux de brigade, noteront aux relevés modèle E et adresseront ensuite leur travail d'avancement au général commandant la division d'Oran.

Art. 3. — Chacun des chefs appelés à donner son avis établit, pour chaque arme et pour chaque grade, deux expéditions de l'état modèle D, l'une qu'il conserve dans ses archives, l'autre qu'il remet à son supérieur hiérarchique.

Il formule son appréciation sur les candidats au moyen d'une fraction dont le numérateur est : soit le numéro de préférence, si l'officier est jugé digne de figurer au tableau, soit la lettre A, si l'officier doit être ajourné, et dont le dénominateur indique le total des officiers figurant sur le même état D, ajournés compris.

Les officiers détachés, qui ne figurent sur l'état D que pour mémoire, ne doivent pas être comptés dans le dénominateur de la fraction.

Le chef de corps ou de service remplit les onze premières colonnes de la liste et la remet au général de brigade ou directeur du service.

Il s'attache à éviter toute erreur dans le décompte des années de grade (1) et de service, des campagnes et des annuités dans l'ordre de la Légion d'honneur. IL EST RESPONSABLE DE L'EXACTITUDE DES RENSEIGNEMENTS FOURNIS PAR LUI.

Les chefs de corps de la réserve ou de l'armée territoriale adressent les états modèle D, concernant le personnel sous leurs ordres, aux chefs de corps actifs dont ils relèvent. Leurs numéros de préférence sont portés dans la 11e colonne de l'état modèle D, divisée en deux parties à cet effet.

Le général de brigade ou directeur de service fusionne les listes qu'il a reçues.

Pour l'exécution de ce travail de fusionnement, le général de brigade ou directeur du service réunit en conférence les colonels, les chefs de corps ou de service, examine avec eux les titres à l'avancement de leurs candidats respectifs; il arrête en leur présence et leur communique les numéros de préférence et les inscrit sur l'état D établi par ses soins et dont il a déjà rempli les colonnes précédentes d'après les renseignements fournis par les chefs de corps ou de service, rectifiés, s'il y a lieu, en cas d'erreur constatée. Il garde dans ses archives les listes des chefs de corps ou de service avec une expédition de la liste fusionnée; il remet l'autre expédition au général de division.

Le général de brigade peut ajourner un officier auquel le chef de corps a attribué un numéro de préférence, ou donner un numéro de préférence à un officier que le chef de corps a ajourné. Toute décision contraire à l'avis du chef de corps est motivée sur le relevé de notes modèle E.

---

(1) Ce décompte est égal à la différence entre le millésime de l'année de la proposition et celui de l'année de la nomination au dernier grade.

Le général de division fusionne les listes qu'il a reçues.

A cet effet, il réunit en conférence les généraux de brigade, examine avec eux les titres à l'avancement de leurs candidats respectifs; il arrête en leur présence et leur communique les numéros de préférence et les inscrit sur l'état D établi par ses soins et dont il a déjà rempli les colonnes précédentes, d'après les renseignements fournis par les généraux de brigade, rectifiés, s'il y a lieu, en cas d'erreur constatée.

Il garde dans ses archives les listes des généraux de brigade avec une expédition de la liste fusionnée; il remet l'autre expédition au commandant du corps d'armée.

Il peut ajourner un officier auquel le général de brigade a donné un numéro de préférence, ou inversement, dans les mêmes conditions que le général de brigade vis-à-vis du chef de corps ou de service.

Le commandant du corps d'armée établit les propositions des généraux de division pour « commandant de corps d'armée » et opère de la même façon vis-à-vis des généraux de division, des généraux commandant les divisions de cavalerie en ce qui concerne les régiments et les batteries à cheval de ces divisions stationnés sur son territoire, des généraux de brigade ou des commandants supérieurs de la défense en ce qui concerne les troupes non endivisionnées et enfin des directeurs de service. Il arrête en leur présence et leur communique les numéros de préférence et les inscrit sur l'état D établi par ses soins dans les mêmes conditions que ci-dessus.

Le général commandant l'artillerie du corps d'armée prend part à la conférence du commandant du corps d'armée avec les généraux de division, en ce qui concerne l'examen des titres des officiers de l'artillerie du corps d'armée.

Dans le 19e corps d'armée, le général commandant la cavalerie d'Algérie est appelé en conférence auprès du commandant du corps d'armée, pour l'examen des titres des candidats appartenant aux brigades de cavalerie d'Algérie.

Les conférences précitées sont limitées aux autorités stationnées sur le territoire du corps d'armée ou du gouvernement militaire de Paris, de manière à ne pas donner lieu à des déplacements en dehors de ce territoire.

Il n'est fait exception à cette règle que pour le corps d'armée colonial et les divisions de cavalerie, dont les corps de troupe sont répartis sur le territoire de plusieurs corps d'armée.

Aux colonies, ces conférences n'ont pas lieu, en principe, en raison des difficultés que présenterait le plus souvent la réunion des autorités qui devraient y prendre part.

Toutefois, lorsque celles-ci peuvent être réunies au complet et sans que leur déplacement total dépasse quarante-huit heures, il y a avantage à faire fonctionner les conférences comme en France.

Ces conférences, qui ont lieu séparément par arme ou service, ne peuvent en aucun cas donner lieu à un vote, elles doivent consister pour chaque candidat en une discussion de ses titres, qui sont exposés de vive voix par son chef direct.

. . . .

Art. 6. — Les officiers et assimilés en non-activité ou en congé de longue durée sans solde ne peuvent être proposés pour l'avancement et, s'ils figurent au tableau au moment de leur mise en non-activité ou en congé, ils ne peuvent être inscrits sur un nouveau tableau d'avancement tant qu'ils restent dans cette position.

Art. 7. — Le général commandant le corps d'armée fixe les dates auxquelles les listes doivent parvenir aux divers supérieurs hiérarchiques sans pouvoir exiger du chef de corps qu'il les remette avant le 20 octobre. Il désigne les autorités qui doivent les communiquer, s'il y a lieu, à l'inspecteur technique ou au commandant supérieur de la défense qui, pour leur fusionnement, se conforment aux dispositions exposées ci-dessus. Il fait parvenir son travail au ministre en trois parties successives comprenant :

La première, les propositions pour l'avancement concernant toutes les armes et services (armée active) et les deuxièmes expéditions des feuilles de notes des lieutenants-colonels et au-dessus (art. 21);

La deuxième, les propositions pour la Légion d'honneur et la médaille militaire concernant toutes les armes et services (armée active);

La troisième, les troisième, quatrième et cinquième parties du livret concernant toutes les armes et services.

Les premier et deuxième envois doivent parvenir au complet en une seule fois pour le 20 novembre au plus tard, terme de rigueur, ou être expédiés des colonies au plus tard par le dernier courrier de novembre; le troisième dans la première quinzaine de décembre, ou être expédié par le dernier courrier de décembre.

Chaque envoi est accompagné d'un bordereau unique indicatif des pièces adressées.

Le commandant de corps d'armée fixe lui-même, et chaque supérieur hiérarchique fixe en conséquence, la date de convocation des autorités subordonnées dont il a fait fusionner le travail.

. . . .

b) *Légion d'honneur*

Art. 9. — Les propositions pour l'admission ou l'avancement dans la Légion d'honneur sont établies dans la même forme que celles relatives à l'avancement dans le grade et suivant les mêmes prescriptions. Elles ne peuvent être établies qu'en faveur de militaires comptant à l'effectif du corps à la date du 1er octobre. Dans les propositions pour le grade de chevalier de la Légion d'honneur, les candidats doivent être classés d'après le total d'annuités et, à égalité d'annuités, par grade et ancienneté de grade. Dans les propositions pour les autres grades, les candidats doivent être classés par ancienneté dans le grade de la Légion d'honneur dont ils sont titulaires; à égalité d'ancienneté dans ce grade, les candidats doivent être classés d'après le total d'annuités; à égalité d'annuités, les candidats doivent être classés d'après leur ancienneté dans le grade militaire.

Toutefois, les candidatures présentées au titre des expéditions lointaines peuvent être signalées au ministre par les autorités militaires à toute époque de l'année, suivant les événements, par modification aux dispositions de l'article 1-§ 2, de la présente instruction, qui ne concernent que les candidats à inscrire aux tableaux de concours dits de l'ancienneté de service (Circ. 12 avril 1904, É. M., vol. nº 30).

Il en est de même des propositions faites pour actions d'éclat (1), pour blessure grave reçue à la guerre ou en service commandé, pour acte de courage ou de dévouement méritant une récompense militaire.

Art. 10. — Sont présentés :

Pour commandeur : dans l'armée active, les colonels et assimilés; dans la réserve et l'armée territoriale, les généraux, colonels, lieutenants-colonels et assimilés qui auront, au 31 décembre de l'année de la proposition, au moins deux ans d'ancienneté dans le grade d'officier de l'ordre.

Les propositions pour ce grade sont fusionnées dans chaque corps d'armée dans une même liste pour tous les candidats de l'armée active, une autre liste réunit également tous les candidats de la réserve et de l'armée territoriale.

Pour officier : les officiers supérieurs ou assimilés ayant au moins quatre ans d'ancienneté comme chevalier.

Les capitaines ne peuvent être présentés pour officier que dans des circonstances exceptionnelles et pour des services très importants.

Pour chevalier : les militaires ayant au moins vingt ans de service, campagnes comprises.

Toutefois, pour éviter des écritures inutiles, les généraux commandant les corps d'armée sont autorisés à ne porter sur les états D, à moins de titres exceptionnels :

Pour commandeur, que les colonels et lieutenants-colonels comptant, au 31 décembre, trois ans de grade d'officier de l'ordre;

Pour officier, que les officiers supérieurs ayant à la même date six ans de grade de chevalier et, pour les troupes coloniales, cinquante annuités.

Pour chevalier : que les militaires ayant vingt-deux ans de service, campagnes comprises. Ce minimum est porté à vingt-huit annuités pour les troupes coloniales.

Les propositions présentées en dessous de ces chiffres figurent sur les mêmes états D que les autres. Elles en sont séparées par le sous-titre

---

(1) De la nature de celles qui sont déterminées par le décret du 28 mai 1895 sur le service des armées en campagne (art. 141).

Personnel

« Propositions supplémentaires » et font l'objet d'une appréciation distincte des précédentes.

ART. 11. — Un candidat peut être inscrit à la fois pour l'avancement et pour la Légion d'honneur, mais il ne peut être nommé dans la Légion d'honneur avant d'avoir accompli une année entière dans son nouveau grade, s'il est promu au tour du choix.

Ces prescriptions s'appliquent également à la réserve de l'armée active et à l'armée territoriale.

ART. 12. — Les officiers ou assimilés en réforme ou en non-activité par suspension ou retrait d'emploi ne peuvent être proposés pour la Légion d'honneur, mais les officiers et assimilés en non-activité pour infirmités temporaires peuvent être proposés. Cette proposition est établie par le général commandant la subdivision dans laquelle ils ont leur résidence et transmise sur un état D distinct de l'état de proposition des officiers en activité de service, comme il est dit à l'article 3 de la présente instruction.

Le temps passé en non-activité pour infirmités temporaires contractées dans le service compte dans le calcul des annuités pour la Légion d'honneur.

Les officiers et assimilés, mis en non-activité pour infirmités temporaires, qui étaient inscrits au tableau de concours pour la Légion d'honneur, continuent à y figurer à leur rang et peuvent être nommés sans qu'il soit nécessaire d'attendre leur réintégration.

Les officiers et assimilés en congé de longue durée sans solde ne peuvent être proposés pour l'inscription au tableau de concours. S'ils figurent au tableau au moment de leur mise en congé, leur nomination est ajournée jusqu'après leur réintégration.

. . . .

c) *Réserve et armée territoriale*

ART. 16. — Le décret du 15 mars 1901 est applicable aux officiers et assimilés de la réserve et de l'armée territoriale. Qu'ils soient appelés ou non dans l'année à une période d'exercices, ces officiers doivent être tous proposés pour l'avancement, s'ils remplissent les conditions d'ancienneté de grade et de périodes fixées par le décret du 10 décembre 1907 ou celles déterminées par les règlements particuliers à certains services.

Il sera tenu compte tout spécialement, dans les propositions pour l'avancement et la décoration, de l'assiduité aux séances des écoles d'instruction, des travaux fournis et du concours apporté aux sociétés de préparation et de perfectionnement militaires agréées par le ministre de la guerre (S. A. G.).

Toutefois, en vue de diminuer les écritures, ne sont pas portés sur les états D les lieutenants, les capitaines et assimilés n'ayant pas accompli le nombre de périodes fixé par les articles 2, 3, 6 et 7 du décret du 10 décembre 1907, qui de ce fait sont ajournés d'office, ainsi que ceux de ces officiers qui auraient spontanément déclaré renoncer à l'avancement.

Il n'est pas établi de propositions pour l'avancement en ce qui concerne les officiers de gendarmerie de l'armée territoriale employés dans le service du remplacement (Instr. 2 févr. 1909. Dispositions spéciales à la gendarmerie), ni en ce qui concerne les officiers de la réserve et de l'armée territoriale, affectés aux services spéciaux du territoire. Il est fait exception à cette règle : 1° pour ceux des vétérinaires affectés aux services spéciaux du territoire qui sont employés pour le classement des chevaux ; ces vétérinaires sont proposables au même titre que ceux affectés à des corps de troupe . . . .

Il n'y a pas lieu d'ajourner les propositions pour l'avancement des officiers de réserve ou de l'armée territoriale qui n'auraient pas fait, normalement, dans l'année, une période d'instruction; le stage n'est, en effet, réglementairement effectué que tous les deux ans; le fait de n'en avoir point accompli dans l'année ne saurait donc être un motif d'exclusion pour la proposition à l'avancement. Le nombre des périodes accomplies, avec leur grade actuel, par les candidats, est inscrit dans la colonne 7 de l'état D.

Le dénominateur de la fraction visée au paragraphe 2 de l'article 3 est constitué par le nombre des officiers figurant nominativement (sauf ceux détachés) sur les états de proposition, qu'ils soient ajournés ou non.

En ce qui concerne les propositions pour la Légion d'honneur et la médaille militaire, les conditions devraient être celles indiquées par le décret du 16 mars 1852 et la décision du 10 avril 1869. Le nombre des officiers remplissant ces conditions étant hors de proportion avec celui des croix et médailles à décerner annuellement au titre de la réserve et de l'armée territoriale, on ne présentera en principe, pour la Légion d'honneur, que les militaires comptant vingt-cinq ans de service, campagnes comprises.

Toutefois, les chefs de corps et de service pourront signaler les candidats remplissant les conditions indiquées aux articles 10 et 13 de la présente instruction et dont les titres seraient particulièrement intéressants. Les uns et les autres doivent en outre compter au moins cinq ans de service dans les réserves (art. 2 de la loi du 18 décembre 1905). En outre, les propositions pour la Légion d'honneur non suivies d'effet, faites antérieurement au titre de l'armée active, en faveur d'officiers passés dans la réserve ou l'armée territoriale depuis cinq ans, seront mentionnées dans la colonne « Observations » des états modèle D, mais seulement lorsque le général commandant le corps d'armée aura attribué un numéro de préférence au candidat.

Lors de la radiation des contrôles de l'armée active, les propositions non suivies d'effet seront mentionnées sur le feuillet du personnel pour les officiers.

Avant de transmettre leurs propositions, les chefs de corps de la réserve

Personnel

et de l'armée territoriale s'assurent avec le plus grand soin, auprès des intéressés eux-mêmes, que ces derniers n'ont pas reçu à un autre titre la distinction pour laquelle ils sont proposés. Le temps passé en congé de trois ans est compté à l'officier qui a quitté définitivement l'armée active et qui est l'objet d'une proposition pour la Légion d'honneur au titre de la réserve ou de l'armée territoriale.

Il y a lieu d'éviter que les propositions pour la Légion d'honneur soient établies en faveur des officiers de complément qui ne font pas de périodes (services spéciaux du territoire, service des places de Paris, etc.), ou dans une trop large part à ceux qui les font en dehors de la troupe (état-major, service des chemins de fer et des étapes, service de garde des voies de communication). A cet effet, on devra surtout tenir compte des services rendus dans les corps de troupe par les officiers qui y accomplissent régulièrement leurs périodes d'instruction.

. . . .

D'autre part, sans écarter complètement les services rendus dans le passé par les candidats aux différents grades de la Légion d'honneur, il importe de tenir compte surtout de la situation actuelle de ces candidats et de leur aptitude à exercer en temps de guerre comme en temps de paix les fonctions qui leur sont confiées, au premier rang desquelles se placent les fonctions actives.

Le grade de chevalier ou d'officier de la Légion d'honneur ne doit pas, en effet, être considéré seulement comme la récompense due à de longs services qui n'ont pu, pour une raison quelconque, être récompensés dans l'armée active, et par suite, ne doit pas être réservé presque exclusivement aux officiers de cette armée démissionnaires ou retraités. Il doit servir surtout à exciter le zèle et à constater les mérites des officiers de réserve et de l'armée territoriale qui se sont créé des titres spéciaux par le nombre des périodes et des stages volontaires accomplis, par leur assiduité aux conférences et exercices, par le concours donné aux sociétés de préparation et de perfectionnement militaires agréées par le ministre de la guerre (S. A. G.). La campagne de 1870-1871 constituera également un titre sérieux. La durée des périodes et stages effectués est mentionnée en années, mois et jours dans la colonne « Observations » des états modèle D.

. . . .

Les périodes d'instruction accomplies en Algérie ou en Tunisie ne devront, en aucun cas, être comptées comme campagnes.

. . . .

Les officiers retraités avant trente ans de service ne peuvent être présentés pour l'avancement que lorsqu'ils sont entrés dans leur trentième année de service.

Le temps passé en congé de longue durée, sans solde (dit congé de trois ans) est compris dans le décompte de l'ancienneté de grade des officiers ayant quitté définitivement l'armée active, lors d'une proposition pour l'avancement au titre de la réserve de l'armée active ou de l'armée territoriale..

§ 2 — Notes des officiers et assimilés

Art. 17. — Tous les ans, après les manœuvres d'automne, les lieutenants et sous-lieutenants sont notés par leur capitaine et leur chef de bataillon ou d'escadron; les capitaines par leur chef de bataillon ou d'escadron; les commandants par le lieutenant-colonel. Aucun modèle n'est assigné pour cette feuille de notes, qui est remise au colonel cinq jours après la rentrée des manœuvres et transmise au commandant du corps d'armée, avec le relevé prévu par l'article 18.

Cette feuille de notes est conservée aux archives de l'état-major du corps d'armée jusqu'après l'établissement du travail d'avancement de l'année suivante.

Art. 18. — Un relevé modèle E des notes inscrites sur le feuillet du personnel, pendant l'année courante, est établi tous les ans, entre le 1er et le 15 octobre.

Les supérieurs hiérarchiques des chefs de corps ou de service transmettent ce document en l'annotant; à cet effet, le verso du relevé de notes modèle E comporte autant de cases qu'il peut être prévu d'autorités transmissives de l'état D. Les notes données doivent être suffisamment détaillées pour faire connaître la valeur de l'officier et ne pas consister uniquement en un numéro de préférence. Lorsqu'il se produit de grandes divergences dans les numéros de préférence attribués successivement à un candidat, il appartient à l'autorité militaire qui classe en dernier ressort d'expliquer ces divergences et d'exposer les raisons circonstanciées qui ont motivé le numéro de classement définitif. Les conférences prévues à l'article 3 sont notamment établies dans ce but.

En raison du grand nombre des officiers qu'ils auraient à noter, les généraux commandant les corps d'armée sont autorisés à ne noter que les officiers généraux et supérieurs.

Ils notent toutefois les officiers subalternes faisant l'objet d'appréciations discordantes et susceptibles néanmoins d'être inscrits au tableau d'avancement ou de concours.

Pour simplifier le travail des généraux de division, les généraux commandant les brigades d'artillerie porteront au passage leurs notes sur les relevés modèle E.

Pour les campagnes, le décompte en est fait, sur les états D et E, conformément aux prescriptions de l'arrêté ministériel du 23 décembre 1903, avec cette différence que le candidat bénéficie à l'avance jusqu'au 31 décembre des campagnes commençant dans le dernier trimestre de l'année.

Lorsqu'il y a lieu, par application de cette dernière disposition, de modifier le décompte des annuités d'un candidat, après que le travail

Personnel

d'avancement a été arrêté, il en est rendu compte au ministre, par le chef de corps ou de service, immédiatement après l'entrée en campagne de l'intéressé.

Ce décompte des campagnes doit être fait très exactement et avec le plus grand soin.

Art. 19. — Les feuillets techniques, en usage dans certains corps ou services, doivent être établis avant le 1er octobre et remis au chef de corps ou de service, qui les annexe au relevé des notes du personnel, en les y faisant coller.

. . . .

Art. 21. — Les relevés modèle E et les mémoires de proposition modèle F sont établis en deux expéditions.

Pour les officiers proposés, une expédition du relevé modèle E est jointe à l'état D. Pour les colonels et assimilés proposés pour l'avancement, il sera établi une expédition supplémentaire du relevé modèle E. Cette expédition supplémentaire de relevé de notes devra mentionner, comme la première, les numéros de préférence donnés par les diverses autorités hiérarchiques. Par exception, les premières expéditions des relevés modèle E concernant les officiers généraux, colonels, lieutenants-colonels et assimilés proposés pour l'avancement sont jointes aux deuxièmes expéditions dont l'emploi est indiqué ci-dessous. Après leur communication aux membres du Conseil supérieur de la guerre intéressés, elles sont placées dans l'état D correspondant par les soins du cabinet du ministre (Correspondance générale); pour les officiers non proposés, cette expédition est renfermée dans le bordereau G (art. 24).

L'expédition jointe aux états D et aux bordereaux G n'a pas à être communiquée aux intéressés.

Quand un officier est proposé à la fois pour l'avancement et pour la Légion d'honneur, le relevé de notes n'est annexé qu'à la proposition concernant l'avancement (art. 33).

La deuxième expédition qui porte écrite d'une façon apparente la mention « deuxième expédition » ne mentionne pas les numéros de préférence donnés par les diverses autorités hiérarchiques. Elle est renvoyée aux corps par le commandant de corps d'armée, revêtue des notes complémentaires. Le chef de corps la communique à l'officier-intéressé, la lui fait émarger et la joint à son dossier du personnel (Circ. 13 janv. et 24 oct. 1905, *B. O.*, p. r., p. 54 et suiv. et 1645).

Les deuxièmes expéditions concernant les lieutenants-colonels, colonels, officiers généraux et assimilés proposés pour l'avancement et appartenant aux corps d'armée inspectés dans l'année par un membre du Conseil supérieur de la guerre sont envoyées au ministre. Elles sont réunies en un bordereau G énumératif distinct portant, comme les feuilles de notes, la mention « deuxième expédition », et dans lequel les relevés sont classés par arme ou service.

Elles sont communiquées au membre du conseil supérieur de la guerre qui a inspecté le corps d'armée, conformément à l'article 8, revêtues de leurs notes, puis renvoyées aux commandants de corps d'armée qui les font communiquer aux intéressés, émarger par eux et joindre à leur dossier du personnel.

Art. 22. — Les feuilles de notes des officiers de la réserve et de l'armée territoriale sont du même modèle que celles des officiers de l'armée active. Elles sont fournies dans les conditions indiquées à l'article 21, mais seulement pour les officiers qui ont fait une période dans le cours de l'année ou qui sont l'objet d'une proposition, même ajournée. Lorsque les officiers devront accomplir une période entre le 1er octobre et le 31 décembre, ils seront compris dans le travail d'avancement. Les relevés de notes établis après la période seront joints audit travail, s'il n'a pas encore été adressé à l'administration centrale ou, dans le cas contraire, envoyés comme suite au travail.

Pour les autres officiers, il est fourni un simple état nominatif sur lequel sont mentionnés, s'il y a lieu, les renseignements de la subdivision.

En tête de la seconde partie des feuilles de notes, sont inscrites les notes du directeur de l'école d'instruction, s'il y a lieu.

Les feuilles de notes des officiers proposés pour l'avancement doivent indiquer très exactement la date des périodes accomplies avec le grade actuel.

. . . .

§ 3 — Livrets de propositions

Art. 24. — Le commandant de corps d'armée réunit dans un bordereau modèle C, d'une couleur déterminée, les états modèle D, relatifs à l'avancement des officiers d'une même arme de l'armée active.

Les couleurs adoptées sont les suivantes :

. . . .

Vétérinaires, rose.

. . . .

Les bordereaux modèle C sont groupés en cinq parties, dont l'ensemble constitue le livret de proposition :

1re Partie. — *Propositions relatives à l'avancement des officiers de l'armée active.*

2e Partie. — *Propositions relatives à la Légion d'honneur et à la médaille militaire, concernant les officiers et hommes de troupe de l'armée active.*

3e Partie. — *Propositions relatives à l'avancement des officiers de réserve et de l'armée territoriale.*

4e Partie. — *Propositions relatives à la Légion d'honneur et à la médaille militaire, concernant la réserve et l'armée territoriale.*

5e Partie. — *Relevés de notes des officiers qui ne sont l'objet d'aucune proposition.*

Personnel

Dans cette cinquième partie, les relevés sont classés par arme dans des bordereaux modèle C, et pour chaque arme dans des états nominatifs modèle G, comprenant, par ancienneté, tous les officiers de chaque corps ou service. En face du nom des officiers proposés, on met la lettre P, qui indique que le feuillet a été retiré. Il n'est établi d'états nominatifs modèle G, en ce qui concerne la réserve et l'armée territoriale, que pour les officiers qui sont l'objet d'une proposition ou qui ont fait une période dans l'année.

Art. 25. — Il est établi un livret pour chaque corps d'armée ou gouvernement militaire, pour chaque école militaire ou établissement visé par le décret du 3 juillet 1883, pour chaque groupe de colonies.

Les généraux commandants de corps d'armée qui auront quitté leur commandement dans la période comprise entre le 15 juillet et le 15 novembre participeront, de concert avec leurs successeurs, à l'établissement du travail d'avancement, dans les conditions indiquées par l'article 3 de la présente instruction.

Quant aux généraux de division et de brigade, ils ne sont pas rappelés, mais leurs successeurs devront les consulter pour l'établissement des notes.

Ceux de ces derniers officiers généraux qui auront été l'objet d'une mutation entre le 15 juillet et le 15 novembre devront être consultés également par leur successeur et pourront être convoqués aux conférences prévues à l'article 3.

DEUXIÈME PARTIE

DISPOSITIONS PARTICULIÈRES A CHAQUE ARME OU SERVICE

§ 1 — Prescriptions de détail applicables à plusieurs armes ou services

Officiers détachés

Art. 26. — Les officiers détachés à un titre quelconque dans un corps de troupe, dans un service ou dans une école ne ressortissant pas à l'arme à laquelle ils appartiennent, sont notés et proposés dans les formes ordinaires par les chefs sous les ordres desquels ils se trouvent placés le 1er octobre.

Ces propositions sont présentées distinctement par arme et fusionnées avec les propositions similaires à chaque échelon hiérarchique.

Les officiers des troupes métropolitaines ou coloniales servant outre-mer, qui auront été rapatriés en France entre le 1er avril inclus et le 1er octobre inclus, sont notés et proposés par les chefs sous les ordres desquels ils se trouvaient placés avant leur rapatriement.

Les officiers en congé administratif de six mois, affectés pendant la durée de ce congé à une unité de la métropole, figureront sur le travail de la colonie à laquelle ils appartenaient, à moins qu'ils n'aient renoncé, à leur arrivée en France, au congé qui leur a été accordé.

Les officiers des troupes métropolitaines ou coloniales envoyés aux colonies entre le 1er avril inclus et le 1er octobre inclus, sont notés et proposés par les chefs sous les ordres desquels ils étaient placés avant leur départ aux colonies.

Les officiers en congé de longue durée sans solde (L. 30 mars 1902, art. 64) ne seront l'objet d'aucune proposition.

Art. 27. — Tous les officiers et assimilés hors cadres des troupes métropolitaines et coloniales aux colonies sont notés et proposés par l'autorité militaire, quel que soit le service dans lequel ils sont employés. Exception est faite pour ceux qui ne doivent pas être notés au feuillet du personnel (Décr. 1er mai 1902).

Ceux affectés à un service civil sont notés par le chef de ce service, seulement au point de vue technique, sur des feuillets spéciaux du modèle annexé à la présente instruction.

Ces feuillets sont adressés, en triple expédition, au commandant supérieur des troupes ou, à défaut, au gouverneur.

Le commandant supérieur joint une expédition de ces feuillets spéciaux aux relevés de notes et, s'il y a lieu, aux feuillets techniques des candidats.

La deuxième expédition est transmise, sous pli séparé, au ministre des colonies par l'intermédiaire du gouverneur.

La troisième expédition est destinée à être jointe au feuillet du personnel.

. . . .

Propositions concernant la réserve et l'armée territoriale

Art. 31. — Les relevés de notes accompagnant les propositions faites en faveur des officiers de la réserve ou de l'armée territoriale doivent indiquer d'une manière exacte le domicile et l'adresse des candidats.

. . . .

Propositions pour l'avancement et la décoration

Art. 33. — Un astérisque (*) à l'encre rouge, placé en regard du nom sur les états de proposition, et sur les feuilles de notes modèle E indique que le candidat est proposé, à la fois, pour l'avancement et pour la décoration.

Un double astérisque à l'encre rouge, suivi de la lettre A (avancement) ou C (concours), signale les candidats qui figurent déjà aux tableaux d'avancement ou de concours. Leur numéro (celui indiqué par le *Journal officiel* qui a publié les tableaux) est, en outre, indiqué dans la colonne 2 de l'état D.

Art. 34. — Les services civils au compte de l'État, dont l'inscription est réglée par l'arrêté du 23 décembre 1903, comptent, dans l'évaluation du temps de service pour la Légion d'honneur, mais après l'âge de vingt ans révolus et pour l'armée active seulement.

Le nombre de campagnes s'ajoute à celui des années de service. Les campagnes qui comptent double pour la retraite sont comptées simples.

Les campagnes accomplies sous le régime antérieur à la loi du 15 mars 1904 sont calculées en chiffres ronds; celles qui ont été accomplies sous le régime de cette loi sont calculées en ans, mois et jours.

Quant à celles qui étaient en cours au 15 mars 1904, elles seront décomptées de la façon suivante :

Les douze premiers mois, à partir du début de la campagne, compteront pour une annuité; le reliquat de la campagne sera décompté en ans, mois et jours.

Si la campagne en cours au 15 mars 1904 a été d'une durée inférieure à douze mois, elle sera néanmoins décomptée pour une annuité.

Les campagnes en cours sont décomptées jusqu'au 31 décembre de l'année de la proposition.

Les blessures de guerre et les citations à l'ordre de l'armée (troupes en opérations ou colonnes expéditionnaires) avec inscription aux pièces matricules approuvées par le ministre, conformément aux dispositions de la circulaire du 11 juillet 1907 (*B. O.*, P. R., p. 905), sont comptées chacune pour une campagne, et s'ajoutent au décompte des années de service et des campagnes du candidat.

Les citations à l'ordre général des troupes de l'Indo-Chine et du corps expéditionnaire de Madagascar, antérieures au 13 janvier 1898, sont comptées pour une annuité pour la Légion d'honneur. Les citations de même nature postérieures à la date précitée n'entrent dans le décompte des annuités que si elles ont été insérées au *Bulletin officiel* (guerre ou marine) (Circ. min. marine 13 janv. 1898).

L'ancienneté dans le grade de chevalier ou d'officier entre également dans le calcul du décompte pour les propositions pour la croix d'officier ou de commandeur.

Il est rappelé que la campagne de 1871, à l'intérieur, compte pour la décoration. Lorsqu'elle entre dans le total des campagnes, elle est mentionnée entre parenthèses (campagne de 1871 à l'intérieur comprise).

Le temps passé en congé de longue durée, sans solde (dit congé de trois ans), n'est pas compris dans le décompte des annuités.

Le décompte des services et campagnes des militaires de tous grades qui ont servi dans l'armée de mer est réglé comme suit :

1° Le temps passé par les mousses au service de l'État est valable, mais seulement à partir de l'âge de dix ans;

2° Les services ainsi rendus à la mer, jusqu'à l'âge de seize ans, doivent, comme les services à terre, être admis non pour le double, mais pour la durée réelle des embarquements (note ministérielle du 22 mars 1890);

3° Le temps d'embarquement après l'âge de seize ans est compté pour la moitié en sus de sa durée effective aux anciens marins des équipages de la flotte, adjudants principaux, pompiers, gardes-consignes, marins et mécaniciens vétérans;

Quant aux hommes provenant des troupes coloniales (infanterie, artillerie, gendarmerie), il leur est décompté, pour la Légion d'honneur, une seule annuité par campagne simple ou double, conformément à la règle établie au paragraphe 2 du présent article. . . . .

Les services militaires effectifs accomplis avant la nomination aux emplois visés par l'article 27 de l'instruction du 23 mars 1897 (*B. O.*, É. M., vol. 66[1]) qui sont englobés dans la période déterminée par la durée du bénéfice d'études préliminaires, comptent dans l'évaluation du temps de service.

Transmission des propositions

Art. 35. — Aux différents échelons, on se conforme, autant que possible, aux dispositions des articles 24 et 25 ci-dessus pour la transmission des propositions.

Les états D sont numérotés, dans chaque bordereau modèle C, suivant l'ordre des numéros indiqué à la fin de la présente instruction sur le modèle de livret de propositions d'un corps d'armée, de telle sorte que tous les numéros de ce modèle sont mentionnés, soit sur les pièces contenues dans le bordereau, soit sur la première page de ce bordereau.

Il n'est pas fourni d'états « néant ».

Les relevés de notes des officiers non proposés sont classés dans les bordereaux modèle G, par grade, et, dans chaque grade, par ancienneté

Les relevés de notes des officiers détachés dans un corps ou service ne ressortissant pas à leur arme sont placés dans le même bordereau que celui affecté au personnel de l'arme. Il en est de même pour les médecins et vétérinaires des corps de troupe.

. . . .

§ 2 — Personnel relevant de l'administration centrale ; sections techniques

Art. 37. — Les officiers des sections techniques sont notés et proposés par les chefs de ces sections. Les listes sont transmises au ministre.

§ 3 — Écoles militaires

Art. 38. — Le commandant de l'École supérieure de guerre adresse son livret de propositions au ministre dans les mêmes conditions que les commandants de corps d'armée.

Art. 39. — Les commandants de toutes les autres écoles militaires adressent leurs propositions directement au ministre (cabinet, correspondance générale) pour le 1er novembre. Le livret de chaque école comprend tout le personnel (officiers et hommes de troupe), quels que soient l'arme ou le service dont les candidats dépendent; mais les propositions sont distinctes pour chaque arme ou service; les feuilles de notes y sont jointes en double expédition, la deuxième expédition devant être renvoyée à l'École après qu'elle a été revêtue des notes complémentaires.

Le ministre fait compléter ces propositions, en ce qui concerne celles dont les commandants d'écoles peuvent être l'objet, par la direction d'arme ou de service. Cette dernière fusionne, en outre, en un livret unique de propositions, le personnel de l'arme ou du service appartenant à toutes les écoles. Ce livret est adressé au général inspecteur permanent des écoles militaires, qui y ajoute les *officiers désignés par le ministre, qui ont rempli dans les écoles certaines missions de longue durée.*

Le général inspecteur permanent note et classe les officiers proposés. Ses propositions doivent parvenir au ministre pour le 20 novembre.

. . . .

Service vétérinaire

Art. 87. — Le vétérinaire principal du ressort reçoit, à titre de renseignements, du chef de corps ou de service, communication des notes données par ce dernier aux vétérinaires sous ses ordres.

Le vétérinaire principal note sur des feuillets techniques tous les vétérinaires employés dans l'étendue de son ressort. Les formules lui sont adressées par les chefs de corps ou de service, auxquels il en fait le retour.

Il fait parvenir, le 15 octobre au plus tard, à chacun des généraux commandants de corps d'armée compris dans son ressort, des listes de propositions, modèle D, sur lesquelles sont portés tous les vétérinaires stationnés dans la région de corps d'armée, écoles comprises, candidats soit à l'avancement, soit aux diverses récompenses.

Sur ces listes, ses numéros de préférence portent non seulement sur l'ensemble des vétérinaires de la région de corps d'armée, mais sur l'ensemble de tous les vétérinaires du ressort, qu'il devra classer en une seule série.

Un extrait des listes de propositions modèle D est adressé par le vétérinaire principal au général de division commandant le corps d'armée des troupes coloniales, en ce qui concerne les vétérinaires de ces troupes stationnées dans son ressort.

Les directeurs de ressorts sont notés par les généraux commandant les corps d'armée composant le ressort; les propositions dont ils sont l'objet sont comprises, s'il y a lieu, au livret de propositions du corps d'armée sur le territoire duquel ils résident.

Les vétérinaires du service des remontes (dépôts et annexes) sont présentés pour l'avancement et la décoration sur un état D particulier avec numéros de préférence du commandant du dépôt, du chef de la circonscription et du général inspecteur permanent des remontes. Le vétérinaire principal du ressort adresse leurs feuillets techniques à cet officier général, par l'intermédiaire des commandants de corps d'armée. Il établit à leur égard pour l'avancement et la décoration, un état modèle D, sur lequel ses numéros de préférence sont indiqués.

Les numéros de préférence sont donnés par le général commandant le corps d'armée sur l'ensemble des vétérinaires du corps d'armée, à quelque catégorie qu'ils appartiennent.

. . . .

Propositions pour la Légion d'honneur en faveur des médecins civils qui soignent gratuitement les militaires de la gendarmerie ainsi que leurs familles

ART. 93. — Les propositions en faveur des médecins, pharmaciens, vétérinaires civils qui, pendant trente années au moins, ont rendu des services à la gendarmerie, sont établies par l'inspecteur général et annexées au livret de propositions.

Ces dernières propositions, accompagnées d'un rapport particulier, sont établies après entente avec l'autorité administrative; les avis écrits des préfets doivent y être joints.

Il importe qu'elles aient un caractère tout confidentiel afin de ne pas faire concevoir aux médecins, pharmaciens ou vétérinaires qui sauraient en être l'objet, des espérances pouvant ne pas se réaliser. En outre, en raison du chiffre extrêmement restreint des récompenses décernées à ce titre, le nombre des présentations devra être très limité.

Les chefs de légion sont tenus de rendre compte des changements survenant dans la situation des médecins, pharmaciens et vétérinaires proposés.

États modèle D composant le livret de propositions d'un corps d'armée

PREMIÈRE PARTIE

Armée active — Avancement

23° État des candidats proposés pour le grade de vétérinaire principal de 1re classe.

Vétérinaires (Bordereau C rose)

43° État des candidats proposés pour le grade de vétérinaire principal de 2e classe.
44° État des candidats proposés pour le grade de vétérinaire-major.
45° État des candidats proposés pour le grade de vétérinaire en 1er.

DEUXIÈME PARTIE

Armée active — Légion d'honneur et médaille militaire

Vétérinaires (Bordereau C rose)

227° Vétérinaires militaires proposés pour officier de la Légion d'honneur.
228° Vétérinaires proposés pour chevalier de la Légion d'honneur.

TROISIÈME PARTIE

Réserve et armée territoriale — Avancement

Vétérinaires (Bordereau C rose)

1° Réserve

412° État des candidats proposés pour le grade de vétérinaire en 1er.

2° Armée territoriale

412 *bis*. État des candidats proposés pour le grade de vétérinaire principal.
412 *ter*. État des candidats proposés pour le grade de vétérinaire-major.
413. État des candidats proposés pour le grade de vétérinaire en 1er.

QUATRIÈME PARTIE

Réserve et armée territoriale — Légion d'honneur et médaille militaire

Service vétérinaire (Bordereau C rose)

514° Candidats proposés pour officier de la Légion d'honneur.
515° Candidats proposés pour chevalier de la Légion d'honneur.

CINQUIÈME PARTIE

Relevé des notes des officiers non proposés

(Un seul bordereau pour chacun des numéros ci-dessous)

Vétérinaires (Bordereau C rose)

615° Bordereau énumératif modèle G et relevés de notes des vétérinaires appartenant aux divers corps et services du corps d'armée.
616° Bordereau énumératif modèle G des officiers de réserve et de l'armée territoriale qui sont l'objet d'une proposition ou qui ont fait une période dans l'année.
617° État nominatif des officiers de réserve et de l'armée territoriale qui ne sont l'objet d'aucune proposition ou qui n'ont pas fait de période dans l'année.

Circulaire portant modification à l'instruction du 10 février 1908 sur le service courant (officiers objet d'une promotion ou d'une mutation)

(É. M., vol. 74; *V.-M.*, p. 67) Paris, le 14 décembre 1910.

Il a été constaté que des officiers qui accomplissaient régulièrement leur service avaient obtenu, au moment d'une mutation, des congés pour affaires personnelles ou des congés de convalescence de longue durée, et avaient ainsi mis obstacle, au détriment des intérêts du service et de la discipline, à l'exécution de la décision ministérielle dont ils avaient été l'objet.

Il importe absolument de mettre un terme à ces abus.

En conséquence, les 9e, 10e, 11e, 12e, 13e et 14e alinéas de l'article 219 de l'instruction sur le service courant sont *annulés* et remplacés par les dispositions suivantes :

« Les officiers qui viennent d'être l'objet d'une promotion ou d'une mutation, et qui se mettent en instance de congé pour affaires personnelles, doivent adresser leur demande à leur *nouveau chef de corps*.

« Cette demande sera transmise par l'intermédiaire de l'ancien chef de corps qui y consignera son avis.

« Il ne sera donné suite à ces demandes, par les généraux commandant les corps d'armée chargés de statuer (Décr. 13 août 1910, art. 4), que lorsqu'elles seront justifiées par des motifs *exceptionnels*.

« Lorsqu'un officier récemment promu ou changé de corps invoquera une maladie ou une infirmité de nature à l'empêcher de rejoindre son nouveau poste, il devra, sauf le cas où son état de santé s'opposerait à tout déplacement, être examiné dans l'hôpital militaire le plus voisin de sa résidence. Les certificats de visite et de contre-visite seront établis par les deux médecins les plus élevés en grade de cet hôpital; ils contiendront une description minutieuse des symptômes observés, avec les conclusions des experts, et seront transmis d'urgence au ministre (direction de l'arme), qui prendra la décision à intervenir. »

Circulaire portant addition à l'instruction du 10 février 1908 sur le service courant

(É. M., vol. 74) Paris, le 3 décembre 1910.

Intercaler entre les 5e et 6e alinéas de l'article 98, le nouvel alinéa suivant :

« Sur le feuillet du personnel des officiers du service de santé et des vétérinaires, divisé verticalement, à cet effet, en deux parties, le chef de corps ou de service transcrit, en regard des notes semestrielles, les notes portées sur les feuillets techniques de ces officiers. »

Circulaires portant modifications à l'instruction du 2 février 1909, relative aux officiers et assimilés de complément

(É. M., vol. 72; *V.-M.* S[1]) Paris, les 15 juin, 11 juillet 1910 et 12 janvier 1911.

Page 13, Art. 27. — Ajouter les alinéas suivants :

« Ces officiers sont inspectés, chaque année, par le général commandant la subdivision de leur résidence.

Personnel

« Les officiers subalternes peuvent, par délégation, être inspectés par les officiers supérieurs de gendarmerie.

« Ils sont convoqués, à cet effet, soit au chef-lieu de la subdivision (de la légion ou de la compagnie), à partir du mois de mai, soit au chef-lieu de canton (ou au lieu de leur résidence) lors des tournées des conseils de revision et des tournées d'inspection des chefs de légion et des commandants de compagnie de gendarmerie.

« Ils se présenteront en tenue militaire.

« Le résultat de cette inspection est consigné sur un état collectif établi par chaque officier général (ou supérieur délégué) inspecteur, et transmis au ministre, au titre du service courant, après avoir été complété par les avis et propositions du général commandant le corps d'armée; les officiers reconnus peu aptes ou inaptes à conserver leur emploi sont l'objet de propositions en vue de leur radiation des cadres, par application des dispositions des décrets des 31 août 1878 et 24 août 1904, selon le cas. »

Page 24, Art. 72. — Remplacer le texte du dernier alinéa par le suivant :

« Les officiers retraités qui n'ont pas été pourvus d'emploi au cours des cinq années pendant lesquelles ils sont à la disposition du ministre, sont, à l'expiration de cette période et sur l'ordre des généraux commandant les corps d'armée, rayés d'office des contrôles généraux tenus à l'état-major de la région dans laquelle ils résident. »

Page 26, Art. 79. — Ajouter à la dernière phrase de l'avant-dernier alinéa :

« ... A moins qu'ils n'aient été autorisés, par décision spéciale du ministre, à contracter un rengagement dans l'armée active. »

Page 26, 5e alinéa, 4e ligne, Art. 83 *b*. — Après les mots : « ... de six mois au moins... », indiquer un renvoi (1).

Ajouter, en bas de la page, ce renvoi :

(1) Les dispositions de l'article 11-§ 2, du décret du 31 août 1878, ne sont pas applicables aux officiers ou assimilés de réserve, accomplissant leur dernier semestre de service actif en qualité d'officiers de complément.

En cas de maladie les mettant dans l'impossibilité d'accomplir tout ou partie de leurs obligations militaires, ils sont envoyés en congé de convalescence.

Page 32, Art. 99. — Remplacer le texte de cet article par le suivant :

« Pour les publications, les officiers de complément sont soumis aux prescriptions du décret sur le service intérieur des corps de troupe relatives aux publications d'écrits.

« Toutefois, il leur est interdit de faire mention de leur qualité d'officier dans les publications se rapportant à des affaires commerciales. »

Page 33, Art. 103, 1er alinéa. — *Au lieu de :* « ... dans la forme indiquée à l'article 67. »

Lire : « ... dans la forme indiquée à l'article 61. »

Page 35, Art. 105. — Remplacer le dernier alinéa par les deux suivants :

« Les officiers autorisés à accomplir une période d'exercices ou un stage dans un corps ou service autre que celui auquel ils appartiennent, sont notés, par les chefs de corps ou de service sous les ordres desquels ils sont momentanément placés, uniquement au point de vue de cette période ou de ce stage.

« Aucun modèle n'est assigné pour ce relevé de notes qui est transmis au chef de corps ou de service d'affectation pour être transcrit sur la feuille de notes modèle E, et certifié conforme par lui. »

DISPOSITIONS SPÉCIALES A LA CAVALERIE

Le personnel du service éventuel des remontes et des réquisitions est administré par le bureau de la cavalerie.

Ce personnel, à l'exception des officiers remplissant leurs périodes d'instruction comme adjoints aux chefs de bataillon d'infanterie et des officiers et vétérinaires convoqués pour les opérations du classement des chevaux, est inspecté, chaque année, dans les conditions fixées par l'article 27 de la présente instruction (Dispositions générales).

Personnel

Commission des conseils d'enquête d'officiers

(É. M., vol. 22, p. 236) (Tableau A joint au décret du 8 novembre 1903)

Vétérinaires militaires

DÉSIGNATION DU GRADE de l'officier soumis à l'enquête	PRÉSIDENT	MEMBRES
Aide-vétérinaire	1 colonel	1 vétérinaire-major. 1 capitaine. 2 aides-vétérinaires.
Vétérinaire en second	1 colonel	1 vétérinaire principal de 2e classe. 1 capitaine. 2 vétérinaires en second.
Vétérinaire en premier	1 général de brigade. . .	1 vétérinaire principal de 1re classe. 1 chef de bataillon ou d'escadron ou major. 2 vétérinaires en premier.
Vétérinaire-major	1 général de division . .	1 général de brigade. 1 colonel. 2 vétérinaires-majors.
Vétérinaire principal de 2e classe.	1 général de division . .	1 général de brigade. 1 vétérinaire principal de 1re classe. 2 vétérinaires principaux de 2e classe.
Vétérinaire principal de 1re classe	1 général de division . .	1 général de brigade. 3 colonels.

Décret modifiant le décret du 25 mai 1910 portant règlement sur le service intérieur des corps de troupe

(É. M., vol. 78) Paris, le 4 février 1911.

DÉCRET

Le Président de la République française,

Vu le décret du 25 mai 1910 portant règlement sur le service intérieur des corps de troupe;

Sur le rapport du ministre de la guerre;

Décrète :

ART. 1. — L'article 73 du décret du 25 mai 1910 est abrogé et remplacé par le suivant :

« Le supérieur parlant à l'inférieur l'appelle :

« *Général,* si l'inférieur est général de division ou de brigade ou pourvu d'un grade correspondant dans la hiérarchie propre du corps auquel il appartient;

« *Colonel*, s'il est colonel ou lieutenant-colonel ou pourvu d'un grade correspondant dans une hiérarchie propre;

« *Commandant*, s'il est chef de bataillon ou d'escadron ou pourvu d'un grade correspondant dans une hiérarchie propre;

« *Capitaine*, s'il est capitaine ou pourvu d'un grade correspondant dans une hiérarchie propre;

« *Lieutenant*, s'il est lieutenant ou sous-lieutenant ou pourvu d'un grade correspondant dans une hiérarchie propre;

« Les hommes de troupe gradés sont interpellés par l'énonciation de leur grade; les simples soldats, suivant l'arme, par les mots : soldat, chasseur, zouave, tirailleur, légionnaire, cavalier, canonnier, sapeur, etc.

« Le supérieur peut, dans tous les cas, ajouter, s'il le juge à propos, le nom de l'inférieur.

« Les mêmes appellations sont employées par l'inférieur s'adressant à un supérieur; elles sont précédées du mot « mon » si le supérieur est pourvu du grade d'adjudant ou d'un grade plus élevé.

« Le ministre de la guerre, le sous-secrétaire d'État à la guerre, les maréchaux de France, le grand chancelier de la Légion d'honneur, les gouverneurs militaires de Paris et de Lyon, les gouverneurs des places fortes, sont désignés par leur titre précédé des mots : « Monsieur le... ».

« Il en est de même pour les personnels dont la hiérarchie propre ne comporte aucune assimilation avec les grades de l'armée; la classe dans le grade n'est pas mentionnée. »

Art. 2. — Le ministre de la guerre est chargé de l'exécution du présent décret.

Description de l'uniforme des vétérinaires auxiliaires

Document abrogé : Fascicule n° 2 du 7 avril 1908, *V.-M.* S[1], page 44
(Fascicule n° 6 modificatif des descriptions d'uniformes)

(É. M., vol. 104) Paris, le 23 août 1910.

« Les *vétérinaires auxiliaires* se fournissent, à leurs frais, des effets d'habillement et d'équipement nécessaires.

« Leur uniforme est semblable à celui des vétérinaires militaires, sauf les modifications ci-après :

HABILLEMENT

« *Manteau d'ordonnance.* — Semblable à celui des adjudants de cavalerie.

« *Pantalon d'ordonnance et culotte en drap.* — Semblables aux effets de même nature décrits pour les adjudants de cavalerie.

« *Tunique ample.* — Du même modèle que celle des vétérinaires mili-

Personnel

taires. Le galon de grade est semblable à celui qui est décrit pour les adjudants de cavalerie.

« Les pattes d'épaules sont celles des aides-vétérinaires. Ces pattes sont en drap du fond ornées d'un bouton d'uniforme pour la tenue du jour. Elles sont brodées en or pour la grande tenue.

COIFFURE

« *Képis de petite et de grande tenue.* — Semblables aux képis des vétérinaires militaires.

« Les marques distinctives de grade sont en soutache d'or de 3 millimètres de largeur, disposées comme il est dit pour les adjudants de cavalerie.

CHAUSSURES

« Comme pour les adjudants de cavalerie.

ÉQUIPEMENT

« *Ceinturon de sabre, dragonne en cuir, éperons, étui de revolver, cordon d'attache, gants.* — Comme pour les adjudants de cavalerie. »

Instruction relative aux tenues des officiers et aux paquetages de leurs chevaux

(É. M., vol. 97) Paris, le 3 novembre 1910.

La présente instruction codifie toutes les prescriptions concernant la tenue des officiers des états-majors, troupes et services, les paquetages de leurs chevaux, le port et la description des effets facultatifs.

Les dispositions concernant la description de la tenue obligatoire ne sont pas contenues dans la présente instruction ou n'y figurent qu'à titre exceptionnel et pour fixer les idées. Pour la description des uniformes, on doit donc se reporter comme par le passé au volume 104 de l'édition méthodique (ou, pour les troupes coloniales, au volume de l'édition méthodique spéciale à ces troupes).

DISPOSITIONS GÉNÉRALES

Il y a pour les officiers des états-majors, troupes et services, quatre tenues :

La tenue de travail;
La tenue de sortie;
La grande tenue;
La tenue de campagne;

Et pour les chevaux, trois paquetages :

Le paquetage de travail;

Le paquetage de parade;

Le paquetage de campagne.

La tenue de travail est réglée par l'officier qui commande le travail ou l'exercice.

La tenue de sortie est la tenue habituelle en dehors du travail; le commandant d'armes fixe l'heure à partir de laquelle elle doit être prise.

La grande tenue se prend quand elle est indiquée par les règlements ou par l'ordre. Quand elle est ordonnée pour la journée, elle est portée à partir de 2 heures de l'après-midi.

La tenue de campagne se porte à l'intérieur dans les marches, les manœuvres et les routes ou lorsqu'elle est prescrite. (Pour les marches, routes ou manœuvres, le chef de corps ou de service peut, suivant les circonstances, prescrire une tenue de campagne simplifiée qui prend le nom de tenue de route.)

NOTA. — La tenue du dimanche et des jours fériés est la tenue de sortie avec addition à la tunique des épaulettes ou pattes d'épaule de grande tenue et la substitution à la dragonne en cuir de la dragonne de grande tenue.

PREMIÈRE PARTIE

Tenues

OFFICIERS DES ÉTATS-MAJORS, TROUPES ET SERVICES

Tenue de travail

ART. 5. — A en principe la même composition que la tenue de sortie, mais avec gants de couleur et port des effets facultatifs autorisé. — Comporte dans le service de bureau un gilet de travail facultatif. La couleur des gants est exclusivement rouge, brun ou chamois foncé.

Sabre ou épée suivant les ordres de l'officier qui commande le travail ou l'exercice.

(Coiffure distinctive et pattes d'épaule en poil de chèvre dans la cavalerie, lorsque l'ordre en est donné.)

Tenue de sortie

ART. 6. — En principe :

Coiffure de petite tenue.

Tunique ample, avec pattes d'épaule de petite tenue.

Pantalon d'ordonnance.

Bottines d'ordonnance (éperonnées pour les officiers montés).

Gants blancs.

Personnel

Sabre avec dragonne en cuir et ceinturon.

(Les officiers montés peuvent porter la culotte d'ordonnance avec les bottes munies d'éperons à la chevalière).

Grande tenue

Art. 7. — A pied :

Coiffure de première tenue avec plumet.

Tunique ample avec épaulettes ou pattes d'épaule de grande tenue.

Pantalon d'ordonnance.

Bottines d'ordonnance (éperonnées pour les officiers montés).

(Si l'ordre en est donné, les officiers montés peuvent être en culotte d'ordonnance et bottes).

Sabre avec dragonne de grande tenue et ceinturon.

Gants blancs.

A cheval :

Même tenue qu'à pied.

Culotte d'ordonnance et bottes d'ordonnance avec éperons à la chevalière pour les officiers montés.

Tenue de campagne

Art. 8. — Képi.

Bonnet de police (facultatif). (Dans les manœuvres, les routes et en campagne, il est porté facultativement au stationnement ainsi que pendant les repos prolongés et les haltes).

Tunique ample et patte d'épaule de petite tenue.

(Le port d'un col blanc avec cravate en soie noire est autorisé en campagne seulement au lieu du col blanc, fixé à la doublure du collet).

Pantalon ou culotte de drap avec jambières en cuir ou bandes molletières.

Bottes, bottines ou brodequins (avec éperons à la chevalière pour les officiers montés).

Gants de couleur.

Manteau et pèlerine (de drap ou de caoutchouc), sur le cheval.

Revolver et son étui contenant dix-huit cartouches (1) et le tournevis pour le revolver (cordon d'attache pour les officiers montés). Le revolver se porte la banderolle en sautoir de l'épaule gauche à la hanche droite).

Sabre avec dragonne de petite tenue et ceinturon.

Jumelle (2) d'un modèle facultatif.

Boussole (2) d'un modèle facultatif, mais d'un diamètre minimum de 3 centimètres.

---

(1) Dans les étuis de revolver non modifiés, il n'est placé que douze cartouches, les six autres sont placées dans la caisse à bagages ou la charge du cheval.

(2) Cet objet n'est obligatoire que pour les officiers des états-majors et des corps de troupe.

Facultativement :

Porte-cartes (est placé sur le côté droit du ceinturon, sa partie supérieure affleurant la tunique, ou sur une des sacoches, ou suspendue à une des bandes d'arçon, soit à gauche au-dessous de la poignée du sabre, soit à droite par-dessus le bissac : contient les cartes et notices de mobilisation.

En campagne seulement :

Plaque d'identité avec cordon (suspendue au cou).
Paquet individuel de pansement (dans la poche intérieure du vêtement de dessous).

En campagne seulement :

Un jour de vivres de réserve ou l'équivalent (porté dans la charge du cheval. Le deuxième jour de vivres de réserve pour toutes les armes (cavalerie exceptée) est transporté par le train de combat de l'unité).

RÈGLES RELATIVES A LA TENUE DES OFFICIERS

Dispositions générales

Tenue

Art. 12. — La tenue doit être strictement réglementaire.

Les officiers doivent toujours être gantés et entièrement boutonnés; les chaînes de montre, les médailles apparentes sont interdites.

Sous les armes, le port de stick, cravache ou de toute arme non réglementaire est absolument proscrit.

Visites — Réceptions

Art. 13. — La grande tenue est de rigueur pour les réceptions (1) chez le président de la République, les présidents des Chambres et du conseil des ministres, les ministres et sous-secrétaires d'État, le grand chancelier de la Légion d'honneur.

Elle est prise dans les autres cérémonies officielles soit en conformité du règlement sur le service de place ou du décret relatif aux honneurs, soit lorsque l'ordre en est donné.

Les visites de corps se font en grande tenue; toutefois, le lendemain de l'arrivée et la veille du départ d'un corps de troupe, elles se font en tenue de route.

Les visites officielles aux officiers des marines étrangères se font en grande tenue (Décr. sur le service de place 7 oct. 1909, art. 134).

Les visites individuelles se font toutes en tenue de sortie; seules les

(1) Dans les autres réceptions et dans les bals, les officiers prennent la tenue du dimanche.

visites qui ont un caractère personnel ou de relations du monde peuvent être faites en habits bourgeois.

A l'intérieur des corps de troupe les visites sont faites conformément aux prescriptions de l'article 165 du décret du 25 mai 1910 sur le service intérieur.

Insigne de service

Art. 14. — Est constitué par le port de la jugulaire sous le menton. N'est porté que dans les cas déterminés par les règlements et instructions en vigueur.

Décorations

Art. 15. — Les décorations se portent sur le côté gauche de la poitrine à hauteur de la deuxième rangée de boutons, dans l'ordre de droite à gauche :

Légion d'honneur.
Médaille militaire.
Médailles commémoratives.
Décorations universitaires.
Décorations du Mérite agricole.
Médailles d'honneur.
Décorations étrangères.

Les insignes à l'effigie de la République doivent présenter la face sur laquelle se trouve l'effigie.

Sur l'uniforme, dans toutes les tenues, le port des rubans ou rosettes, seuls, à la boutonnière, est formellement interdit (Décr. 13 mars 1891, É. M., vol. 30, p. 42).

Deuil

Art. 16. — Les officiers qui sont en deuil de famille peuvent porter un crêpe au bras gauche.

Le deuil militaire se porte par un crêpe au sabre ou à l'épée.

Tenue aux obsèques

Art. 17. — La tenue de sortie est obligatoire pour tous les officiers assistant à des obsèques en dehors des cas de convocation officielle, indiquant que la grande tenue est de rigueur. Toutefois les officiers faisant partie de la famille peuvent prendre la grande tenue.

Officiers nouvellement promus

Art. 18. — Ils peuvent porter les insignes de leur nouveau grade dès que le décret de promotion a paru au *Journal officiel* de la République française (1).

. . . .

Officiers en permission ou en congé

Art. 20. — Les officiers en congé ou en permission dans une ville de garnison doivent porter la tenue prescrite dans la garnison où ils se trouvent en position d'absence.

Officiers conduisant une automobile, un ballon ou un aéroplane

Art. 21. — Sont autorisés à revêtir les accessoires de vêtement indispensables dans ces genres de sport, et en temps de paix, à ne pas prendre d'armes.

Tenue des officiers paraissant en justice

Art. 22. — Les officiers paraissant devant la justice civile ou militaire, soit comme témoins, soit comme experts, doivent quitter leurs armes avant de déposer. Ils sont soumis à la même obligation s'ils assistent à l'audience comme simples curieux.

Port de l'uniforme à l'étranger

Art. 23. — L'uniforme ne peut être porté à l'étranger que dans le cas de mission régulière et en conformité des instructions ministérielles.

Les officiers dans d'autres situations qui désirent assister en tenue à une cérémonie célébrée à l'étranger doivent s'adresser au représentant diplomatique de la France qui peut leur accorder, au nom du ministre de la guerre, l'autorisation nécessaire.

Habits bourgeois

Art. 24. — En dehors du service, les officiers sont autorisés à porter la tenue bourgeoise.

HABILLEMENT

Tuniques

Art. 25. — Toutes les tuniques d'officiers comportent neuf boutons. Les officiers sont autorisés à faire pratiquer à leur tunique de deuxième tenue deux poches extérieures à pattes, disposées de chaque côté de la poitrine, placées entre le troisième et le quatrième bouton du haut.

---

(1) Les officiers nommés pour prendre rang d'une certaine date ne peuvent porter les insignes de leur nouveau grade qu'à partir de ce jour.

Personnel

Collet

Art. 26. — Le collet est plus ou moins haut suivant la conformation du cou.

Sa hauteur moyenne est de 40 millimètres et sa hauteur maxima de 60 millimètres.

Col blanc

Art. 27. — Le col blanc en toile, fixé à la doublure du collet, peut dépasser de tous côtés de 2 à 4 millimètres.

Manteau et pèlerine en drap

Art. 28. — Tous les officiers, montés ou non montés, portent uniformément le manteau d'ordonnance des officiers montés (1).

En hiver ou lorsque la température l'exige, le manteau est porté sur la tunique, dans toutes les tenues.

Dans ce cas, la grande tenue ne comporte pas les ornements d'épaules de la première tenue.

En dehors du service les officiers sont autorisés à prendre le manteau ou la pèlerine lorsque la température le comporte.

Effets de coutil

Art. 30. — En été jusqu'à 7 heures du soir, l'officier peut, facultativement, remplacer le pantalon d'ordonnance par le pantalon de coutil et la culotte d'ordonnance par la culotte de coutil.

Dans aucun cas, le port des effets de coutil ne peut être rendu obligatoire pour les officiers.

Couvre-nuque

Art. 31. — Est porté facultativement par les officiers pour les marches et manœuvres pendant la saison chaude.

ÉQUIPEMENT

Dragonne

Art. 32. — Port avec le sabre. — S'attache par un nœud coulant dans l'œil du pommeau ou à la partie supérieure de la garde. Le cordon fait quelques tours autour de la garde et vient ressortir au-dessous de la coquille, de manière que le poignet puisse s'engager sans difficultés dans la dragonne lorsqu'on met le sabre à la main.

---

(1) La capote d'ordonnance des officiers à pied est supprimée. La longueur de la pèlerine est facultative; toutefois elle ne peut dépasser que légèrement le haut de la botte, de la jambière ou de la molletière.

La dragonne de grande tenue ne doit être portée qu'en grande tenue et en tenue des dimanches et jours fériés.

Gants

Art. 33. — Les gants blancs sont confectionnés en peau de castor ou en peau de chien blanc glacé.

Les gants chamois foncé en peau façon castor.

Les gants de nuance rouge-brun en peau dite de chien.

Sous-pieds

Les officiers montés ne font pas usage de sous-pieds quand ils sont à pied. Lorsqu'ils montent à cheval (1) en pantalon d'ordonnance, le pantalon doit être garni de sous-pieds.

ARMEMENT

Sabre — Épée

Art. 34. — Le sabre se porte au crochet ou à la main. Il ne doit jamais traîner à terre.

Au crochet l'arme est portée la poignée en arrière, le bout en avant; lorsqu'elle n'est pas au crochet, elle est portée de la façon suivante : la main gauche embrassant le fourreau à hauteur de l'anneau, la garde en avant et le fourreau incliné d'avant en arrière.

Les lames des armes blanches de tous modèles, dont les officiers sont tenus d'être pourvus, doivent provenir exclusivement de la manufacture nationale d'armes de Châtellerault et porter en toutes lettres l'inscription :

« Manufacture nationale de Châtellerault. »

OFFICIERS DE LA RÉSERVE ET DE L'ARMÉE TERRITORIALE

Tenue des officiers et paquetage des chevaux

Art. 35. — Même tenue et même paquetage pour les chevaux que les officiers du corps ou service dont ils font partie (2).

Les officiers de l'armée territoriale portent au milieu et de chaque côté du collet de la tunique un insigne distinctif consistant en une boutonnière, à galon d'or ou d'argent, selon la couleur du bouton d'uniforme, ornée à sa pointe rectangulaire d'un petit bouton d'uniforme cousu sur son milieu.

---

(1) Les jambières en drap ne comportent pas de sous-pieds.

(2) Les officiers de complément peuvent faire usage, pendant un temps indéterminé, des vareuses et dolmans dont ils étaient pourvus antérieurement au 1er octobre 1908.

Personnel

Les officiers de complément (1) ne sont tenus de se pourvoir que des effets composant la tenue de campagne, mais ils ont la faculté de faire usage des autres effets que portent les officiers de leur grade de l'armée active.

Officiers de complément ne faisant pas partie d'un corps de troupe

Art. 36. — Les officiers employés dans un service d'état-major ont la même tenue que ceux de l'armée active de leur arme ou subdivision d'arme.

. . . .

Port de l'uniforme

Art. 38. — Le port de l'uniforme est obligatoire pour les officiers toutes les fois qu'ils assistent à des réunions ou exercices en vertu d'une convocation régulière, qu'ils sont appelés devant l'autorité militaire pour une raison de service, qu'ils sont admis à suivre les manœuvres, travaux ou conférences d'un corps de troupe ou lorsqu'ils assistent aux exercices de l'école d'instruction à laquelle ils sont inscrits. Toutefois, l'autorité militaire peut autoriser, si elle juge utile, les officiers à assister aux conférences en tenue civile.

En dehors de ces circonstances, ils sont admis à se présenter en uniforme à toutes les revues, réunions, fêtes et cérémonies officielles ou non officielles, à l'exception des réunions publiques ou privées ayant un caractère politique ou électoral. Ils doivent toujours être en tenue régulière lorsqu'ils revêtent l'uniforme.

En cas d'abus ou de tenue irrégulière, le commandant d'armes de leur résidence ou, à défaut, le général commandant la subdivision peuvent interdire aux officiers signalés à leur attention le port de l'uniforme en dehors du service.

Les officiers de complément sont soumis aux mêmes règles que les officiers de l'armée active.

Il est interdit aux officiers de complément, suspendus de leurs fonctions ou mis à la suite par application de l'article 1 du décret du 3 février 1880, de porter l'uniforme, excepté lorsqu'ils sont appelés à comparaître devant l'autorité militaire.

Il est également interdit aux officiers de complément de se mettre en tenue dans l'accomplissement de toutes professions (industrielle, commerciale, financière, libérale ou manuelle).

Visites aux supérieurs hiérarchiques

Art. 39. — Dans les trois mois qui suivent sa nomination à un nou-

---

(1) Les sous-lieutenants de réserve, faisant en cette qualité leur quatrième semestre dans l'armée active, ne sont soumis qu'à ces mêmes obligations.

veau grade, tout officier de complément est tenu de se présenter en uniforme à son chef de corps ou de service, au chef de corps ou de service correspondant de l'armée active et au général commandant la subdivision, si ces autorités militaires se trouvent dans le lieu de sa résidence.

Dans le cas contraire, ces visites sont facultatives.

OFFICIERS EN CONGÉ DE TROIS ANS

Art. 40. — Les titulaires d'un congé de trois ans sont autorisés à porter l'uniforme, sauf dans l'exercice de toute profession ne se rattachant pas directement à leurs attributions militaires, ainsi que dans l'accomplissement de toute profession industrielle, commerciale, financière, libérale ou manuelle.

Il leur est interdit de porter l'uniforme pour assister à une réunion publique ou privée ayant un caractère politique ou électoral ou dont l'accès serait interdit aux officiers en activité.

Lorsque ces officiers revêtent l'uniforme, ils doivent se conformer aux ordres donnés pour la tenue des officiers par le commandant d'armes de leur localité.

OFFICIERS EN NON-ACTIVITÉ

(Pour infirmités temporaires, licenciement de corps, suppression d'emploi, rentrée de captivité à l'ennemi, retrait ou suspension d'emploi)

Art. 41. — Même tenue que les officiers de l'arme ou de la subdivision d'arme, du corps ou du service dont ils faisaient partie en activité, mais sans aiguillettes ni brassard.

Les officiers en non-activité par retrait ou suspension d'emploi ne sont autorisés à se mettre en tenue que lorsqu'ils sont obligés de comparaître devant l'autorité militaire; dans tout autre cas, le port de l'uniforme leur est interdit.

OFFICIERS EN RETRAITE OU EN RÉFORME POUR INFIRMITÉS

Officiers en retraite à la disposition du ministre de la guerre

Art. 42. — Conservent la tenue d'arme ou de la subdivision d'arme du corps ou service dont ils faisaient partie dans l'armée active pendant les cinq ans de service qu'ils doivent accomplir en vertu de la loi du 22 juin 1878; ils portent la tenue du corps ou service auquel ils sont affectés quand ils font partie de la réserve ou de l'armée territoriale.

S'ils sont rappelés à l'activité, ils conservent l'uniforme du corps ou du service auquel ils appartenaient au moment de leur mise à la retraite; ils portent les insignes du grade dont ils sont titulaires.

. . . .

Personnel

Officiers rendus définitivement à la vie civile

ART. 45. — Les officiers (officiers généraux exceptés) en retraite ayant accompli les cinq ans prévus par la loi du 22 juin 1878, et non pourvus d'emplois ou de grades dans la réserve ou l'armée territoriale, ainsi que les officiers en réforme pour infirmités peuvent porter dans la vie civile la tenue de l'arme ou du service dans lequel ils servaient au moment où ils ont cessé d'appartenir à l'activité.

OFFICIERS DÉMISSIONNAIRES, RÉFORMÉS PAR MESURE DE DISCIPLINE OU DESTITUÉS

ART. 46. — Il est formellement interdit aux officiers démissionnaires qui ne sont pas pourvus d'emplois dans la réserve ou l'armée territoriale, à ceux réformés par mesure disciplinaire ou destitués de porter un uniforme militaire.

DEUXIÈME PARTIE

Paquetages des chevaux d'officiers

CHAPITRE X

PAQUETAGE DES CHEVAUX DES OFFICIERS DE TOUTES ARMES ET DE TOUS SERVICES

Paquetage de travail

ART. 50. — Selle et bride (on peut faire usage dans le paquetage de travail d'un tapis non apparent limité aux contours de la selle; d'une selle quelconque avec ou sans prolongement; de mors de bride d'un modèle facultatif. Le port de la couverture sous la selle est facultatif).

Porte-sabre (s'il y a lieu).

NOTA. — Dans les troupes à cheval lorsque les nécessités exigent une dérogation au paquetage ci-dessus, il appartient à l'officier qui commande la manœuvre de fixer le paquetage à prendre.

Paquetage de parade

ART. 51. — Bride complète avec licol et longe poitrail (pas de licol dans l'artillerie, le train et le génie).

Selle.
Sacoches.
Sangle.
Étrivières.
Étriers.
Porte-sabre.
Tapis (avec ou sans couverture).

Manteau ou pèlerine (en drap ou en caoutchouc) roulé sur les pointes d'arçon ou sur le prolongement mobile (dans la cavalerie, manteau de drap ou de caoutchouc placé de la même manière que celui de la troupe).

Nota. — Le vêtement peut être protégé, facultativement, par un étui en toile noire caoutchoutée.

Paquetage de campagne (de route et manœuvres)

Art. 52. — Même composition que le paquetage de parade en y ajoutant :

Licol pour l'artillerie, le train et le génie.

Courroies de sacoches.

Pèlerine ou tablier de cheval sur les sacoches (effets facultatifs).

Étui porte-avoine, tordu d'un tour au milieu pour le fermer et lui donner l'étranglement nécessaire et fixé par le milieu avec la courroie de pommeau, les bouts attachés en avant et contre les sacoches au moyen des quatre courroies de sacoches (chacun des bouts de l'étui porte-avoine contient 1 kilo d'avoine).

Bissac de campagne (ou sac de campagne dans la cavalerie).

Couverture sous le tapis.

Musette mangeoire.

Tableau donnant, à titre d'indication, la composition du paquetage de campagne des officiers de cavalerie

A — Sur l'officier

Objets obligatoires

Art. 53. — Montre.

Boussole-breloque (diamètre minimum de 3 centimètres).

Plaque d'identité.

Revolver dans son étui avec 18 cartouches.

Jumelle (stéréoscopique autant que possible).

Porte-cartes (peut être porté sur la selle).

B — Sur le cheval monté par l'officier

Effets et objets obligatoires

Selle complète.

Bride avec son licol.

Tapis.

Couverture.

Longe-poitrail en cuir.

Étui porte-avoine contenant la musette-mangeoire et la demi-ration d'avoine (2 kilos).

Surfaix.

Personnel

Sabre suspendu à la selle par le baudrier porte-sabre (dans un fourreau avec gaine).

6 cartouches de revolver (1).

Sac en cuir fauve ou bissac en vache vernie.

6 pains de guerre dans un sachet de toile (2).

3 rations de sucre et café dans un sachet à vivres (2).

1 boîte de conserve de viande assaisonnée (ration de 300 grammes) et de potage salé (ration de 50 grammes) (2).

Un repas froid.

Bonnet de police.

Manteau roulé comme celui de la troupe (enfermé facultativement dans un étui en toile noire caoutchoutée).

Effets et objets facultatifs

1 paire de chaussures de rechange ou de repos.

1 paire de leggins.

2 mouchoirs.

1 paire de chaussettes.

1 serviette.

1 chemise.

1 caleçon.

1 trousse de toilette.

1 trousse contenant du fil, des aiguilles, des ciseaux, de la ficelle, des sous-pieds et brides d'éperons de rechange.

1 gourde.

1 petite lanterne.

Tablier ou cuissards.

C — Sur le cheval de main

Effets obligatoires

Selle complète (de troupe ou d'officier).

Bridon.

Licol et longe en corde.

Couverture.

Musette-mangeoire contenant la demi-ration d'avoine (2 kilos).

Surfaix.

2 poches à fer contenant l'une la demi-ferrure du cheval monté par l'officier, l'autre la demi-ferrure du cheval de main et les clous et crampons correspondants.

Seau en toile.

---

(1) Si l'étui ne peut contenir que 12 cartouches.

(2) Ou l'équivalent.

Effets et objets facultatifs

1 bissac placé sur le siège de la selle, contenant 1 chemise, 1 caleçon, 1 paire de chaussettes, 1 culotte, 1 gilet de tricot ou de cuir, 1 ou 2 boîtes de conserves.

Derrière la selle, 1 caoutchouc, 1 pèlerine ou 1 manteau court.

NOTA. — La répartition des effets ou objets facultatifs est faite entre deux chevaux, suivant les circonstances.

TROISIÈME PARTIE

Port et description des effets facultatifs

NOTA. — La possession des effets facultatifs n'est pas obligatoire.

Les détenteurs de ces effets doivent observer strictement toutes les prescriptions de la présente instruction.

CHAPITRE XI

HABILLEMENT

. . . .

Vêtement en caoutchouc (manteau, pèlerine et macfarlane)

ART. 55. — Le port de ces vêtements est autorisé, sauf en grande tenue.

Ils doivent avoir la longueur réglementaire du manteau ou de la pèlerine en drap, être de couleur noire et pourvus de boutons noirs.

Ils ne portent ni insignes de grade, ni numéros de corps ou attributs.

Manteau en drap gris de fer bleuté

ART. 56. — Est spécial à la cavalerie. Les officiers de cavalerie (officiers indigènes exceptés) sont autorisés à faire usage de ce manteau dans toutes les circonstances.

Veston noir, en drap, en drap caoutchouté ou en cuir

ART. 57. — Le veston noir ne doit porter ni insignes de grade, ni numéros, ni attributs ni piqûres apparentes; les boutons doivent être noirs, le col en drap noir (le col de velours est interdit).

Sa longueur est facultative, toutefois elle ne peut dépasser que légèrement le haut de la botte, de la jambière ou de la molletière.

Le port du veston noir est interdit en grande tenue.

En tenue de sortie, seul, le veston noir en drap est autorisé.

Personnel

Vareuse-dolman

Art. 58. — Ce vêtement n'est porté par les officiers des troupes alpines que dans les manœuvres alpines, les marches et les reconnaissances en pays de montagne et par les officiers des compagnies cyclistes que dans les exercices à l'extérieur et les manœuvres.

Pelisse

Art. 59. — L'usage de la pelisse est autorisée, mais seulement en dehors des prises d'armes et de la grande tenue.

Vareuse en kaki et casque colonial

Art. 60. — Les officiers des troupes d'Afrique sont autorisés à porter, pour la tenue de travail et la tenue de sortie, une vareuse en kaki au lieu et place de la tunique et, en dehors des prises d'armes, à faire usage du casque colonial.

CHAPITRE XII

CHAUSSURES

Bottines

Art. 61. — Dans toutes les tenues, les bottines d'ordonnance peuvent être remplacées par des chaussures ne présentant ni boutons, ni piqûres, ni lacets apparents, ni agrafes.

Brodequins

Art. 62. — Sauf en tenue de sortie et en grande tenue, le port des brodequins est autorisé. Avec cette chaussure, les officiers montés portent les éperons à la chevalière.

Les brodequins peuvent porter des piqûres.

Jambières en cuir — Bandes molletières

Art. 63. — A cheval et à pied, les officiers peuvent porter, avec la culotte ou le pantalon, sauf toutefois en tenue de sortie et en grande tenue, des jambières en cuir noir mat ou verni, d'un modèle facultatif ou des bandes molletières du modèle des troupes alpines.

Jambières en drap

Art. 64. — En dehors du service et dans tout service à pied, où le pantalon d'ordonnance peut être porté, les officiers montés ou non montés sont autorisés à faire usage, avec la culotte, de jambières en drap simulant le bas du pantalon.

. . . .

CINQUIÈME PARTIE

Dispositions spéciales aux troupes coloniales

Art. 66. — A. En France :

Les dispositions contenues dans la présente instruction sont applicables aux officiers de toutes armes et de tous services des troupes coloniales sous la réserve suivante :

En outre des vêtements facultatifs prévus pour les officiers des troupes métropolitaines, les officiers des troupes coloniales peuvent faire usage, dans la tenue de travail, d'une tunique ou d'un pantalon en flanelle bleu foncé de même coupe que les vêtements similaires en drap et de la pelisse coloniales.

B. Aux colonies :

La composition des différentes tenues est fixée par les commandants supérieurs des troupes, selon le climat et les circonstances locales.

SIXIÈME PARTIE

Dispositions transitoires

Art. 67. — Les effets modifiés par la présente instruction pourront être portés jusqu'à usure complète.

Toutefois, à partir du 1er janvier 1913, la tunique à neuf boutons sera exigée dans la « grande tenue ».

Art. 68. — Toutes les dispositions contraires à la présente instruction sont abrogées.

Circulaire portant suppression du pompon pour les officiers, adjudants et sous-officiers rengagés et adoption d'un plumet pour les officiers

(*Journal officiel* du 27 février 1910) Paris, le 25 novembre 1910.

DISPOSITIONS GÉNÉRALES

Le pompon est supprimé pour tous les officiers et adjudants, sauf pour ceux faisant usage du shako, lorsqu'ils le portent dans des tenues autres que la grande tenue.

Le plumet droit tricolore en plumes de vautour est supprimé.

Personnel

Tous les officiers supérieurs et subalternes des armes et services (et adjudants) qui ont une coiffure de grande tenue font usage uniformément avec cette coiffure d'un plumet de plumes de coq flottantes, forme dite « saule pleureur », à l'exception. . . . .

DESCRIPTION DU PLUMET

Officiers supérieurs des armes et services

Pour les officiers supérieurs des armes et services le plumet est tricolore par tranches égales, le rouge au sommet, le blanc au milieu, le bleu à l'extrémité (du modèle actuel pour la cavalerie; du modèle actuel de l'artillerie pour toutes les autres armes, olive en or mat ou argent mat, suivant la couleur des boutons).

Officiers subalternes des armes et services

Le plumet est :

Rouge (modèle analogue aux plumets des états-majors de division, olive en or mat, ou argent mat, suivant la couleur des boutons).

Pour les officiers :

Du corps des vétérinaires.

Élèves des écoles

Pour tous les élèves des écoles le pompon est supprimé.

Tous les élèves des écoles qui ont une coiffure de grande tenue font usage d'un plumet à plumes retombantes analogue à celui qui leur servira lorsqu'ils seront devenus plus tard officiers.

DISPOSITIONS TRANSITOIRES

Les dispositions de la présente circulaire entreront en vigueur le 14 juillet 1911.

Les officiers promus jusqu'à cette date seront autorisés à faire usage en grande tenue des nouveaux attributs.

Circulaire réglementant le port des décorations et médailles françaises et étrangères

(É. M., vol. 30) Paris, le 23 février 1911.

La question a été posée de savoir quelle place exacte il y a lieu d'attribuer sur l'uniforme aux insignes des ordres coloniaux.

Le conseil de l'ordre de la Légion d'honneur consulté à ce sujet a émis l'avis, dans sa séance du 13 février 1911, que les décorations desdits ordres devaient être placées immédiatement après la Légion d'honneur ou la médaille militaire et avant les médailles commémoratives.

Dans ces conditions, l'ordre indiqué par l'article 3 du décret du 10 mars 1891, portant réglementation du port des décorations et médailles françaises et étrangères, se trouve modifié comme suit :

Légion d'honneur;
Médaille militaire;
Décorations coloniales;
Médailles commémoratives;
Décorations universitaires;
Décoration du Mérite agricole;
Médailles d'honneur.

Tenue des officiers

A la date du 29 janvier 1911, le ministre de la guerre a décidé que les officiers des services et les officiers d'administration porteront désormais au képi des galons en soutache.

(*Journal officiel*, 9 mars 1911.)

HYGIÈNE

Instruction spéciale pour le capitaine aux distributions (art. 131 à 138 du règlement sur le service intérieur)

(É. M., vol. 79) Paris, le 30 septembre 1910.

I — Présence indispensable du capitaine

Aucune distribution ne peut, ni commencer, ni se poursuivre hors de la présence du capitaine aux distributions, à moins d'une autorisation écrite du chef de corps. Toute infraction à cette règle donne lieu, suivant le cas, pour l'officier d'administration gestionnaire, à une punition disciplinaire et, pour l'entrepreneur, à une pénalité dont le taux est déterminé par le cahier des charges.

Ces sanctions sont appliquées par le sous-intendant militaire.

II — Ordre successif des opérations

Les opérations auxquelles doit procéder le capitaine aux distributions se succèdent dans l'ordre suivant :

1° Remise du bon à l'officier d'administration ou à l'entrepreneur, suivant le cas;

2° Vérification des instruments de pesage et de mesurage;

3° Examen des denrées;

4° Mention de la qualité au registre de visite, avec observations critiques, s'il y a lieu;

5° Perception et enlèvement des denrées.

III — Bon de distribution

Le capitaine aux distributions est porteur d'un bon sur lequel sont mentionnées, distinctement par unité, s'il y a lieu, les quantités à percevoir. Il remet le bon, avant la distribution, à l'officier d'administration gestionnaire chargé du service ou à l'entrepreneur, suivant le cas. Lorsque la répartition de la quantité totale à percevoir n'a pas été faite par le trésorier, il l'établit lui-même, s'il le juge nécessaire.

Hygiène

Il lui est formellement interdit de percevoir, par convention tacite ou non, autre chose que ce qui figure au bon; d'accepter toute substitution non autorisée; de consentir à des échanges, ventes ou rachats de rations.

IV — Instruments de pesage et de mesurage

Le capitaine aux distributions procède à la vérification des instruments de pesage et de mesurage, d'après les procédés indiqués à l'annexe A jointe à la présente instruction. Cette annexe ne reproduit pas les règles relatives à la vérification rapide des ponts-bascules, qui doivent toujours être affichées sur une pancarte mobile, dans le local où se trouve l'appareil.

Si les instruments ne sont pas justes, il arrête la distribution et rend compte immédiatement, par l'intermédiaire du commandant de service, au colonel qui avise aussitôt le sous-intendant militaire.

V — Examen des denrées

Le capitaine aux distributions examine les denrées préparées pour la distribution et vérifie qu'elles possèdent les qualités requises. Il provoque toutes les explications nécessaires pour établir son opinion.

L'annexe B à la présente instruction indique les caractères que doivent présenter les bonnes denrées.

Dans les places à l'entreprise, le capitaine aux distributions se fait présenter, toutes les fois qu'il le juge utile, les cahiers des charges qui définissent les qualités exigées.

Pour les réceptions d'avoine, il fait toujours procéder devant lui à une épreuve à la trémie conique.

Il ne doit jamais accepter d'autres denrées que celles qui proviennent du magasin distributeur et qui, ayant été effectivement déchargées et emmagasinées, ont eu à subir le contrôle de l'intendance.

VI — Inscriptions a faire sur le registre de visite

Après avoir examiné les denrées et avant de faire commencer la distribution, le capitaine est tenu d'indiquer sur le registre de visite si les denrées sont bonnes ou susceptibles de quelque observation critique.

Si, en libellant son opinion, toujours motivée en cas de critique, il déclare que les denrées sont mauvaises ou même seulement médiocres, il doit les refuser et faire prévenir aussitôt et directement le commandant d'armes, le colonel et le sous-intendant militaire.

S'il qualifie les denrées de passables ou seulement assez bonnes, il doit inscrire au registre de visite les observations critiques qui motivent son appréciation.

Pendant le cours et même à la fin de la distribution, il peut porter sur le registre un avis supplémentaire.

VII — Registre des observations critiques

Les observations critiques inscrites par le capitaine aux distributions sur le registre de visite, sont transcrites aussitôt par le gestionnaire ou l'entrepreneur sur le « Registre des observations critiques », qui est envoyé au sous-intendant militaire.

La consignation à ce registre du résultat des investigations du sous-intendant ou de sa décision peut être communiquée au capitaine aux distributions, sur sa demande. Il en prend connaissance au magasin distributeur.

VIII — Perception et enlèvement des denrées

Le capitaine aux distributions, après avoir reconnu la qualité des denrées, ne laisse entrer dans le magasin les hommes nécessaires à l'enlèvement des denrées que, successivement, par unité, après avoir déterminé, quand il y a lieu, l'ordre dans lequel les unités seront servies.

Sur la demande de l'officier d'administration gestionnaire ou de l'entrepreneur, en cas d'insuffisance du personnel distributeur, il met à sa disposition l'aide de quelques hommes pour l'exécution des opérations matérielles de la distribution.

La distribution s'effectue au nombre de rations pour les denrées rationnées, à la mesure pour les liquides, au poids pour toutes les autres denrées.

Le foin et la paille ne sont pas rationnés; ils sont distribués tels qu'ils sont entrés au magasin, soit en balles pressées, soit en bottes réglées au poids en usage dans le pays.

Les gradés désignés pour procéder à la perception des denrées vérifient leur compte de rations avec le suppléant de l'officier gestionnaire ou le préposé de l'entrepreneur; ils sont responsables des erreurs qu'ils commettent.

Indépendamment de ces premières constatations, le capitaine aux distributions peut, pendant toute la durée de la distribution, procéder à toute autre vérification de qualité et de poids qu'il juge nécessaire.

Lorsque, au cours de l'enlèvement, il reconnaît que les denrées ne sont pas acceptables, il arrête la distribution; néanmoins, les denrées déjà sorties des magasins restent acquises à la partie prenante comme il est dit ci-après.

IX — Surveillance des pesées

Il surveille attentivement les pesées, sans jamais y procéder lui-même ou y faire procéder par les militaires sous ses ordres.

Hygiène

Il se conforme, à cet effet, aux indications de l'annexe A, jointe à la présente instruction.

X — Récipients

Les parties prenantes doivent être munies des sacs nécessaires pour contenir les denrées qu'elles ont à recevoir.

Il est formellement interdit au service distributeur de prêter des sacs, et, aux parties prenantes, d'accepter des offres de sacs de la part des entrepreneurs.

Toutefois, les distributions d'avoine ou d'orge à la gendarmerie peuvent être exceptionnellement faites dans des sacs du service des subsistances.

XI — Denrées sorties des magasins

Lorsqu'une denrée reçue en distribution est sortie du magasin, elle ne peut, en aucun cas, y être rapportée pour être changée, ni faire l'objet de quelques réclamations que ce soit, pas plus sur la qualité que sur le poids ou le mesurage.

Il est fait exception à cette règle pour les conserves en boîtes ou en barils, qui sont rapportées au magasin livrancier pour y être échangées, lorsque, à l'ouverture des boîtes ou barils, on a reconnu l'avarie.

Les balles de fourrage pressées (foin et paille), reconnues défectueuses lors de leur mise en consommation, sont également remplacées, à condition qu'elles soient rapportées au magasin dans le courant de la période pour laquelle elles ont été distribuées.

Ces dispositions ne portent nullement préjudice à la recherche des fraudes, qui peut être faite à tout moment.

XII — Recherche et constatation des fraudes

A raison de sa fonction, le capitaine aux distributions a le droit et le devoir de constater les infractions à la loi sur la répression des fraudes en ce qui concerne les denrées présentées en distribution.

Son attention doit être constamment en éveil sur ce point.

Les dispositions relatives à cette partie du service font l'objet de l'annexe C à la présente instruction.

ANNEXE A

NOTICE SUR LA SURVEILLANCE A EXERCER EN CE QUI CONCERNE LES PESÉES

Les poids et instruments de mesure étant soumis à des vérifications périodiques constatées par l'apposition de poinçons, la première précaution à prendre est de s'assurer de l'existence de ces marques.

Dans chacun des locaux où s'exécutent des pesées de denrées destinées à la troupe est affiché un placard faisant connaître la lettre de vérification annuelle et la date de l'année courante à laquelle expire le délai fixé pour les opérations annuelles des vérificateurs des poids et mesures.

Mais il peut arriver que, depuis le poinçonnage, l'instrument ait été modifié et ait cessé d'être juste. Le poinçonnage ne doit donc pas être considéré comme donnant une garantie suffisante. En particulier, les instruments de pesage doivent toujours être vérifiés préalablement à leur emploi.

Les opérations essentielles de cette vérification rapide sont :

1° La constatation de l'équilibre parfait à vide, après réglage, si l'appareil le comporte;

2° La constatation de la sensibilité, qui peut se faire très simplement en s'assurant que, l'équilibre étant réalisé sous une charge quelconque au plus égale à la portée de l'instrument, l'addition d'un léger poids à cette charge (1 gramme environ par kilo de charge, par 500 grammes seulement pour les balances) suffit à rompre nettement l'équilibre en faisant osciller lentement le fléau.

L'opération même de la pesée doit être aussi l'objet d'une surveillance attentive, et l'on procédera très utilement au cours même de la pesée à la constatation de la sensibilité, comme il est dit ci-dessus.

En outre, l'attention se portera particulièrement sur les points ci-après, selon les appareils employés :

Balances à bras égaux. — La pesée peut être faussée au moyen de corps étrangers fixés momentanément sous les plateaux, ou suspendus aux chaînes ou encore déposés sur les plateaux au cours de la pesée.

Ces fraudes sont rendues impossibles, si on a soin de vérifier l'équilibre de la balance à vide et si la pesée est surveillée convenablement.

Un bon procédé de vérification rapide des balances à plateaux consiste à recommencer la pesée en changeant de plateau l'objet pesé et les poids.

Bascules ordinaires. — Les fraudes les plus fréquemment pratiquées avec ces instruments sont les suivantes :

a) Emploi de cavaliers (surcharges mobiles) sur les leviers inférieurs situés sous le tablier.

La vérification à vide ne décèle pas toujours la fraude, si le déplacement du cavalier, au cours de la pesée, est possible.

On devra, s'il y a doute, examiner les leviers inférieurs, qui sont recouverts par le tablier de la bascule.

b) Déplacement momentané de la boule-régulateur.

La boule-régulateur, située à l'extrémité du fléau, opposée aux index, fait équilibre au système à vide.

Il est indispensable de vérifier que cette boule ne peut pas être déplacée à la main par rapport au fléau. Le réglage ne doit pouvoir s'effectuer qu'au moyen d'une clef spéciale.

La mobilité de la boule-régulateur suffit à motiver le rejet de l'appareil.

c) Déplacement momentané des points de suspension de divers organes.

Les organes qui agissent sur le fléau transmettent leur action par l'intermédiaire de chapes qui doivent reposer exactement sur les couteaux. Deux goupilles vissées sur le fléau protègent la chape contre tout déplacement accidentel.

Si l'une des deux goupilles manque ou si elles ont un écartement anormal, le point de suspension peut être déplacé, soit fortuitement, soit à dessein, au cours de la pesée, dont les résultats sont ainsi faussés.

L'absence d'une des goupilles, ou des deux, ou leur écartement anormal n'assurant pas la position de la chape, suffisent à motiver le rejet de l'appareil.

Bascules romaines. — Ces appareils peuvent donner lieu aux fraudes ci-dessus mentionnées pour les bascules ordinaires.

En outre, l'emploi du curseur doit toujours être particulièrement surveillé en ce qui concerne les points ci-après :

1° La partie prenante doit se prémunir contre les erreurs de lecture en effectuant elle-même cette lecture, contradictoirement avec le livrancier;

2° Bien s'assurer, lors de la vérification à vide, que l'index est au zéro. Cette position de l'index correspond normalement à la position extrême du curseur dont le mouvement le long du fléau est limité par des pièces fixes formant butée. Mais si la butée du côté du zéro a été modifiée, soit par usure, soit volontairement à l'aide de quelques coups de lime, l'index peut reculer au delà du zéro et la vérification à vide, faite dans ces conditions, n'a plus aucune valeur;

3° S'assurer qu'aucune pièce du curseur n'est enlevée au cours de la pesée; cette observation s'applique notamment à la vis de fermeture ou d'ajustage placée en dessous du curseur.

Un bon procédé de vérification rapide des bascules romaines consiste à effectuer une pesée en chargeant le tablier avec des poids en fer étalonnés. Si l'appareil est juste, l'index du curseur doit indiquer exactement le total des poids déposés sur le tablier.

Ponts-bascules. — Ces appareils ne sont, en réalité, que des bascules romaines de grandes dimensions; par suite, ils peuvent donner lieu aux mêmes fraudes.

Leur emploi doit être l'objet d'une surveillance particulièrement attentive pour les motifs ci-après :

1° Leur mécanisme assez complexe rend la fraude plus facile à exercer et plus difficile à découvrir;

2° Les fraudes s'exerçant sur de fortes pesées peuvent donner d'un seul coup un bénéfice appréciable;

3° On peut, suivant le cas, tenter d'agir sur l'appareil pour peser fort ou faible, fort s'il s'agit de marchandises à livrer ou de la tare de marchandises reçues (voitures vides), faible s'il s'agit de marchandises à recevoir ou de la tare des marchandises livrées;

4° Le poids propre du tablier du pont variant suivant les circonstances atmosphériques et les matières étrangères (boue, graviers, etc.), qui peuvent y être accidentellement déposées, le réglage est fréquemment nécessaire;

5° La coupole de tare qui, dans certains appareils, n'est pas couverte, se prête assez facilement à des fraudes consistant à augmenter ou à diminuer, au cours de la pesée, le poids de la tare;

6° La présence de chevaux attelés peut avoir une influence sur les pesées (pied postérieur posant sur le tablier, voitures à deux roues trop chargées en arrière et soulevant le cheval dans une certaine mesure, cheval exerçant un effort de traction ou de recul, etc.). Il est rappelé, à ce sujet, qu'il vaut toujours mieux dételer les chevaux;

7° Certains ponts-bascules comportent plusieurs fléaux, chacun muni d'un curseur, ce qui complique la lecture de la pesée.

Les résultats de la pesée doivent toujours être contrôlés par la partie prenante qui doit, en particulier, s'assurer que les index des curseurs reposent exactement dans les encoches des fléaux;

8° Le levier qui transmet à l'appareil sur lequel se font les lectures l'effort exercé sur le tablier, est généralement placé dans un caniveau recouvert par un plancher mobile en tout ou partie, pour permettre la visite des organes inférieurs du pont-bascule.

Il a été constaté que, par des dispositions plus ou moins ingénieuses, certains fraudeurs réussissaient à charger momentanément ce levier d'un poids additionnel (brique, cavalier de plomb) dont l'effet est d'autant plus important que la surcharge est placée plus près de la tringle de puissance.

Si une fraude quelconque était soupçonnée, il conviendrait de procéder immédiatement à la visite des organes inférieurs accessibles du pont-bascule;

9° L'appareil indicateur est souvent placé dans un local fermé où se tient le peseur. Il est nécessaire que la surveillance soit exercée à la fois auprès du peseur et autour du tablier;

10° On veillera aussi à ce que le peseur n'agisse pas avec le pied ou tout autrement contre la tringle de puissance de manière à contrarier le mouvement;

11° On ne perdra pas de vue, enfin, que la plus petite surcharge ajoutée dans la coupole de tare ou placée sur une des parties mobiles de l'appareil dans le voisinage de cette coupole peut modifier considérablement le résultat de la pesée, son effet étant multiplié par 1.000 ou par 2.000, quelquefois plus, suivant le rapport de construction du pont-bascule.

Il convient, en tenant compte des observations qui précèdent, d'*observer rigoureusement les prescriptions de l'instruction sur la vérification rapide des ponts-bascules qui doit être affichée* dans les magasins pourvus d'un appareil de ce genre.

D'une manière générale il sera bon de refaire, après la pesée, la vérification de l'équilibre à vide, de manière à s'assurer qu'aucune cause d'erreur, volontaire ou involontaire, ne s'est introduite pendant la pesée, en dehors du magasin livrancier et au moyen d'appareils dont l'exactitude aura été reconnue au préalable ou ne pourra être suspectée.

ANNEXE B

INSTRUCTION SPÉCIALE AU SERVICE DES DISTRIBUTIONS

Notice sur les caractères distinctifs des denrées autres que celles de l'ordinaire

Salaisons

Les salaisons de bonne qualité sont celles dont les viandes ont le mieux conservé leur forme et leur couleur.

Une chair très vive à l'extérieur, rosée à l'intérieur, une graisse blanche, une odeur franche, une consistance ferme, un goût agréable, une saumure incolore ou très légèrement colorée, un sel abondant et en beaux cristaux dans le baril, sont les caractères d'une bonne salaison.

Si, au contraire, la chair est brune, d'une teinte livide et la graisse jaunâtre, si l'odeur est forte ou rance, si la viande est d'un goût peu agréable, si, enfin, il ne reste point ou presque point de sel dans le baril, on peut en conclure que la salaison a eu une préparation défectueuse, qu'elle éprouve un commencement d'altération et qu'elle n'offre plus de sécurité, soit pour la conservation, soit pour la distribution.

Les salaisons sont distribuées sans égouttage préalable : on se borne à secouer chaque morceau, pour le dégager complètement du sel qui y est adhérent.

Conserves de viande

Au moment de la perception des conserves de viande au magasin, l'officier aux distributions doit vérifier soigneusement l'état extérieur des boites.

La mauvaise qualité des conserves se révèle généralement :

1° Par le bombage du fond des boites, qui indique presque toujours une fermentation et une décomposition du contenu;

2° Par des trous ou fissures pouvant être dus soit au bombage dont il vient d'être parlé, soit à des effets de rouille sur le fer-blanc des boîtes, soit à des chocs ou à des lacunes dans le soudage; lacunes que la peinture aurait dissimulées;

3° Par la mauvaise odeur qui s'exhale des boites éclatées, percées ou fissurées,

Une certaine fluidité de la gelée se manifestant par un ballottement dans la boite, n'est pas un indice certain d'altération, le bouillon ne devant être gélatinisé, c'est-à-dire à l'état de gelée, qu'après repos ou sous une température inférieure à 15° C.

Les boîtes trouées, fissurées ou exhalant une mauvaise odeur ne doivent pas être acceptées. Il en est de même de celles qui sont bombées sur les deux fonds. Celles qui sont bombées légèrement et d'un seul côté peuvent être acceptées provisoirement, sous réserve d'un examen spécialement attentif par le médecin au moment de l'ouverture, conformément à l'instruction du 22 avril 1905.

Lard

Le lard doit être ferme, bien blanc, sans taches jaunâtres de rancidité, sans mauvaise odeur, en un mot, sans trace d'altération quelconque. Les parties maigres doivent avoir été soigneusement enlevées.

Saindoux

Le saindoux doit être exclusivement de la graisse de porc.

Le saindoux de bonne qualité est blanc, légèrement grenu, de consistance ferme, variable suivant le climat et la saison, presque inodore, d'une saveur fade caractéristique; il fond entre + 26° et + 31° C. et se présente alors d'une limpidité uniforme ne donnant lieu à aucun dépôt.

Foin

La qualité du foin dépend beaucoup de la nature du sol qui l'a produit, de la variété plus ou moins grande des graminées et des légumineuses qu'il renferme, et aussi du mode d'arrosage des prairies d'origine.

La denrée est livrée telle qu'on l'a récoltée, mais dans cet état elle doit être dégagée de poussière, de graines de foin, d'herbes non nutritives (laiches, roseaux, joncs, etc.) autant que peuvent l'être les produits des prairies bien cultivées et bien entretenues du rayon d'approvisionnement.

Le bon foin a une couleur verte, franche et peu foncée, une odeur légèrement aromatique; ses tiges sont fines, flexibles et cassantes, il doit être parfaitement sec.

Sont à rejeter les foins dont les tiges sont coriaces, ligneuses, qui sont d'une couleur terne et noirâtre, qui exhalent une odeur d'échauffé et de pourri.

Sont également reconnus mauvais les fourrages envahis par la rouille, le charbon, la carie, les foins vasés, sablés, terreux et poussiéreux.

Les liens de denrées impropres au service sont défalqués en totalité. Si les liens sont en paille de froment ou de seigle, le poids de chacun, qui ne doit pas excéder 125 grammes, entre pour moitié de son poids dans la ration.

Paille

La paille de froment est seule admise pour la nourriture des chevaux.

La paille de bonne qualité se reconnaît aux caractères suivants : tuyaux minces et flexibles, garnis de leurs feuilles, couleur d'un blanc mat ou d'un jaune doré, aspect luisant, épis pourvus de leurs balles ou calices. Si la paille est fraîchement battue, son odeur est agréable et sa saveur légèrement sucrée; on doit rechercher la paille fourrageuse, c'est-à-dire celle qui contient une certaine quantité de plantes susceptibles d'en améliorer la qualité.

Doit être refusée : la paille provenant d'un blé atteint des maladies connues sous le nom de rouille, carie et charbon; elle a une teinte sombre et présente des taches noires ou brunes. Sont également réputées mauvaises, les pailles trop vieilles ou détériorées par l'humidité et celles qui ont une odeur de moisi.

Si, en distribution, les bottes de paille de froment ne sont pas liées avec la même paille ou avec de la paille de seigle, il est fait déduction du poids des liens.

Pour la paille de litière on peut employer aussi la paille d'avoine, d'orge ou de seigle. Toutefois, la distribution de la paille d'avoine doit être limitée au 31 décembre de l'année de la récolte.

Avoine

L'avoine de bonne qualité est bien sèche et coule facilement entre les doigts; son écorce est mince, brillante et lustrée, sans rides; son amande est serrée, blanche; elle laisse, quand on l'écrase dans la bouche, une saveur agréable et farineuse; versée d'une hauteur sur un corps dur, elle rend un bruit sec.

L'avoine doit être exempte de mauvaise odeur, d'avarie ou d'altération quelconque.

Parmi les graines récoltées avec l'avoine, on distingue celles qui sont propres à l'alimentation et celles qui sont nuisibles ou seulement inertes.

Les premières sont le froment, l'orge, le seigle, l'épeautre, le maïs, le sarrasin, la vesce, les pois, les féveroles.

Les secondes sont les graines de sauge, de coquelicot, de jacée, de nielle, de liseron, de trèfle. Celles-ci doivent avoir disparu au criblage, sauf la tolérance permise.

L'avoine doit être rejetée lorsque, sans être avariée, elle conserve une odeur de grenier ou de bateau.

Trémie conique. — Le poids minimum de l'avoine à l'hectolitre est mentionné sur les cahiers des charges. On le détermine au moyen de la trémie conique qui doit se trouver dans tous les magasins militaires (gestion directe et entreprise).

Cet appareil se compose d'une mesure d'un demi-hectolitre et de la trémie proprement dite superposée à la mesure au moyen d'une armature en fer. La trémie est un cône tronqué, sorte d'entonnoir dont l'ouverture inférieure se ferme par une petite trappe.

On ne doit jamais négliger de faire faire l'expérience de la trémie, qui donne toujours de très utiles indications.

La mesure étant posée sur un sol bien horizontal, on place la trémie, la trappe fermée, sur la mesure, en ayant soin que l'armature en fer s'emboite exactement; puis, on emplit la trémie avec le grain, et l'on abat le trop plein avec une règle. La surface supérieure du grain présente alors un plan parfaitement régulier dont l'examen permet très facilement d'apprécier la composition de l'avoine, de constater s'il y a un mélange de plusieurs espèces, d'observer la présence des pierres, mottes de terre, graines étrangères, etc., de vérifier approximativement si la tolérance mentionnée au cahier des charges n'est pas dépassée.

Quand on ouvre la trappe, le grain tombe dans le demi-hectolitre et le remplit en y formant le comble. La manière dont cet écoulement se produit est très intéressante à observer. Lorsque le grain n'est pas bien coulant, sa descente dans la trémie est irrégulière et se produit en cascades intermittentes. Si bien nettoyé que soit le grain, il se dégage toujours une légère poussière au moment de la chute sur la potence de la mesure, mais parfois la poussière est abondante, ce qui indique un nettoyage insuffisant et l'avoine ne doit pas être acceptée. L'odeur se dégage également pendant la chute du grain dans la mesure.

La mesure comble doit être arasée avec le rouleau araseur que comporte l'armature de la trémie. Enfin, on retire la trémie et on pèse le grain avec la mesure en déduisant la tare qui doit toujours être vérifiée. Pour avoir le poids de l'hectolitre, on double le résultat, ou bien on fait une deuxième expérience.

Orge

L'orge doit être bien sèche, coulante à la main, d'une belle couleur franche, exempte de mauvaise odeur, d'avarie ou d'altération quelconque, et aussi de mélange d'autres céréales ou de graines étrangères à sa production.

Les conditions à remplir par les avoines sont applicables à l'orge.

Le poids minimum à l'hectolitre et la tolérance admise pour les graines étrangères sont indiqués au cahier des charges.

ANNEXE C

INSTRUCTION SPÉCIALE SUR LE SERVICE DES DISTRIBUTIONS

Dispositions à observer par les capitaines aux distributions, en ce qui concerne la recherche, la constatation et la poursuite des fraudes (Règl. sur le service intérieur, art. 133).

Le capitaine aux distributions doit, lorsque les denrées lui sont présentées, rechercher si elles ne sont pas falsifiées, si elles ne sont ni corrompues ni toxiques, si, en un mot, elles ne sont pas viciées par une des fraudes tombant sous l'application de la loi.

Si la denrée qui lui parait suspecte a été livrée directement par un entrepreneur, il a, sans attendre la décision de la commission constituée pour juger les contestations qui peuvent s'élever entre lui et l'entrepreneur, le pouvoir de procéder lui-même au prélèvement, l'entrepreneur dûment convoqué, comme il sera indiqué ci-après.

Dans le cas où la denrée provient d'un magasin militaire, il devra arrêter la distribution et informer, pour la suite à donner, l'officier d'administration gestionnaire qui a fait la livraison et le sous-intendant militaire.

LE DROIT DE PROCÉDER AU PRÉLÈVEMENT SUBSISTE MÊME APRÈS REFUS DES DENRÉES

Le prélèvement est même strictement obligatoire lorsque le capitaine aux distributions soupçonne les denrées présentées d'être falsifiées, corrompues ou toxiques. Le fournisseur ne saurait se soustraire à l'exercice de ce droit ou de cette obligation en proposant de retirer la marchandise qu'il a présentée à la réception, car la responsabilité qu'il encourt dans cette circonstance est indépendante de celle qui résulte pour lui de l'inexécution des conditions de son marché.

§ 1 — *Nature des fraudes*

On ne peut faire les prélèvements, opérations préliminaires de l'action répressive organisée par la loi du 1er août 1905 et le décret du 31 juillet 1906, que lorsque la fraude porte :

1° Sur la nature, les qualités substantielles, la composition et la teneur en principes utiles;

2° Sur l'espèce ou l'origine des denrées quand, d'après la convention ou les usages, la désignation de l'espèce ou de l'origine faussement attribuée doit être considérée comme la cause principale de la fourniture;

3° Sur la quantité des choses livrées ou sur leur identité par la livraison d'une denrée autre que la chose déterminée qui a fait l'objet du contrat;

4° Sur la falsification des denrées, leur corruption ou leur caractère toxique.

§ 2 — *Nécessité de la présence du fournisseur ou de son représentant*

Les opérations de prélèvement doivent, d'après l'article 3 du décret du 5 juin 1908, être effectuées en présence du fournisseur ou de son représentant, ou lui dûment appelé.

Aucune convocation préalable n'est à faire et il peut être procédé séance tenante aux prélèvements si, au moment où l'utilité de ces prélèvements apparait, le fournisseur ou son représentant sont présents dans l'établissement militaire (caserne ou magasin). S'ils ne sont pas présents, ils peuvent être d'ailleurs immédiatement convoqués. Il suffit que cette convocation soit faite utilement, c'est-à-dire qu'ils soient « dûment appelés ».

§ 3 — *Échantillons*

Les opérations mêmes du prélèvement comportent, sur chaque denrée, la prise de quatre échantillons.

Un de ces quatre échantillons est destiné au laboratoire pour analyse, les trois autres sont éventuellement destinés aux experts.

Les prélèvements doivent être effectués de telle sorte que les quatre échantillons soient autant que possible identiques.

Les échantillons seront prélevés dans des bocaux propres et secs qui seront bouchés avec un bouchon de liège propre et sans odeur. Le bouchon sera recouvert d'une feuille de papier qu'on liera sur le col du bocal avec de la ficelle.

Pour l'avoine, on prélèvera environ 1 kilo de matières qu'on étalera sur une feuille de papier propre; puis, après avoir bien mélangé, on fera quatre tas semblables, égaux, qui constitueront les échantillons de prélèvement de 250 grammes environ.

Bien que chaque prélèvement comporte la prise de quatre échantillons, on devra laisser un cinquième échantillon entre les mains de l'intéressé lorsque celui-ci en fera la demande. Cet échantillon ne devra être revêtu d'aucun cachet, d'aucune marque susceptible de lui donner un caractère officiel.

§ 4 — *Lieu de prélèvements*

Les prélèvements ne peuvent, en principe, avoir lieu que dans les établissements militaires (casernes et magasins). Toutefois seront assimilés à ces établissements les locaux dans lesquels les entrepreneurs procèdent à la fabrication des produits destinés à l'armée ou détiennent en magasin les matières premières servant à cette fabrication. Il en sera de même des locaux où sont tenus en réserve les fourrages que les fournisseurs doivent livrer aux corps de troupe.

Exception à cette règle est faite pour les achats qui sont effectués directement chez le fournisseur.

§ 5 — *Mise sous scellés des échantillons*

Tout échantillon prélevé est mis sous scellés. Ces scellés sont appliqués sur une étiquette composée de deux parties pouvant se séparer et être ultérieurement rapprochées (mod. n° 3 ci-annexé), savoir :

1° Un talon qui ne sera enlevé que par le chimiste au laboratoire après vérification du scellé. Il ne doit porter que les indications suivantes : nature du produit, dénomination sous laquelle il est vendu, date du prélèvement et numéro sous lequel les échantillons sont enregistrés au moment de leur réception par le service administratif;

2° Un volant qui porte ces mêmes mentions, mais où sont inscrits, en outre, les nom et adresse du propriétaire ou détenteur de la marchandise.

Ce volant est désigné par l'auteur du procès-verbal.

Toutes ces formalités, prescrites par le décret du 31 juillet 1906, doivent être scrupuleusement observées.

§ 6 — *Valeur des prélèvements*

Aussitôt après avoir scellé les échantillons, l'officier, s'il est en présence du fournisseur ou de son représentant, doit le mettre en demeure de déclarer la valeur des échantillons prélevés.

Le procès-verbal devra mentionner cette mise en demeure et la réponse qui a été faite.

On remettra au fournisseur ou à son représentant un récépissé (mod. n° 2) détaché d'un livre à souche et où il sera fait mention de la valeur déclarée. Toutefois, dans le cas où cette déclaration comportera une majoration évidente de la valeur réelle, il y aura lieu de le mentionner au procès-verbal et sur le récépissé.

§ 7 — *Procès-verbal*

Séance tenante, il doit être procédé à la rédaction d'un procès-verbal de l'opération.

L'attention des officiers qui auront à verbaliser est tout spécialement attirée sur la rédaction de ce procès-verbal, qui doit contenir toutes les indications que comporte le modèle n° 1 ci-annexé.

§ 8 — *Envoi du procès-verbal et des échantillons à la préfecture*

Le procès-verbal et les échantillons doivent être envoyés dans les vingt-quatre heures à la préfecture par le service pour le compte duquel a eu lieu le prélèvement.

On joindra à l'envoi, dans une note portant l'indication : « Renseignements destinés au laboratoire », tous les renseignements utiles au sujet de la qualité exigée, ainsi qu'un extrait des cahiers des charges, marchés et conventions contenant toutes les indications techniques sur les denrées à fournir.

Les échantillons seront expédiés dans de petites caisses : l'emballage devra être fait au moyen de paille, foin, copeaux, fuseaux de bois ou de papier, de façon à éviter la rupture des vases en cours de route. La fermeture des caisses sera assurée en scellant, au moyen d'une ficelle, les pitons placés de chaque côté du couvercle.

L'officier qui a verbalisé doit veiller à ce que l'envoi soit fait dans le délai de vingt-quatre heures prescrit par le décret du 31 juillet 1906.

Avis de cet envoi devra être donné au commandant de corps d'armée ou au gouvernement militaire de Paris.

MINISTÈRE
DE LA GUERRE

• CORPS D'ARMÉE

GOUVERNEMENT MILITAIRE
DE PARIS
OU DE LYON (1)

PLACE
d

N° d'enregistrement :

N° du prélèvement :

RÉPRESSION DES FRAUDES

(Loi du 5 août 1905, décrets des 31 juillet 1906 et 5 juin 1908)

MODÈLE N° 1

Format du papier :
Hauteur 0m 315
Largeur. 0m 205

Procès-verbal de prélèvement d'échantillons

Nous, soussigné (2)
agissant en vertu des pouvoirs à nous conférés par le décret du 5 juin 1908, avons, en procédant à la réception (ou à la vérification) des marchandises livrées (ou approvisionnées) à (3)
par (4) , prélevé quatre échantillons identiques de (5) .

Pour prélever ces quatre échantillons identiques, nous avons procédé ainsi qu'il suit en présence de M. (6) , fournisseur (ou de M. , préposé, représentant le fournisseur) (7) .

Ces échantillons ont été ensuite renfermés dans (8) et scellés immédiatement avec des étiquettes indicatives portant toutes le n° (9) que à signé avec nous.

M. nous a formulé les observations qui suivent.

Nous avons ensuite délivré au fournisseur, M. , un bon de remboursement de , montant de la valeur déclarée (10) par lui des quatre échantillons susvisés et portant le n° .

En foi de quoi, nous avons dressé le présent procès-verbal que M. a signé avec nous, après que lecture lui en a été faite, pour être transmis à M. le Préfet de .

A , le (date et heure en toutes lettres).

Le Fournisseur ou *le Préposé* (11),

L'Officier verbalisateur (12),

(1) Biffer les mots inutiles, suivant le cas.
(2) Nom, prénoms, qualité de l'officier ou du fonctionnaire militaire verbalisateur.
(3) Indiquer exactement le lieu et le corps ou établissement destinataire.
(4) Nom, prénoms, profession, domicile du fournisseur.
(5) Il est indispensable de mentionner au procès-verbal les circonstances du prélèvement, notamment en ce qui concerne l'importance du lot de marchandises échantillonné, la nature des récipients ou des emballages, les marques dont ils sont revêtus, les conditions dans lesquelles les marchandises sont livrées ou approvisionnées.
(6) A remplir par la préfecture.
(7) Si le fournisseur ou le préposé ne sont pas présents, indiquer comment ils ont été convoqués.
(8) Nature de l'emballage.
(9) Numéro du prélèvement relaté en tête du procès-verbal.
(10) Dans le cas où cette déclaration comporterait une majoration évidente de la valeur réelle, il y aurait lieu de mentionner au procès-verbal, ainsi que sur le récépissé, cette dernière estimation.
(11) Dans le cas où le fournisseur ou le préposé refuserait de signer, constater le refus au procès-verbal.
(12) Ou le fonctionnaire verbalisateur.

Hygiène

° CORPS D'ARMÉE

ou

GOUVERNEMENT MILITAIRE
DE PARIS
OU DE LYON (1)

PLACE
d

Prélèvement d'échantillons

(Loi du 1er août 1905, décrets des 31 juillet 1905 et 5 juin 1908)

N° (2)

Objet du prélèvement :
Nom du fournisseur :
Valeur déclarée :
Date du prélèvement :

(1) Biffer les mots inutiles, suivant le cas.
(2) Numéro du prélèvement.

MODÈLE N° 2

Format du papier :
Hauteur 0m 16
Largeur 0m 24

CORPS D'ARMÉE

OU

GOUVERNEMENT MILITAIRE DE PARIS
OU DE LYON (1)

RÉCÉPISSÉ

N° (2)

Prélèvement d'échantillons

(Loi du 1er août 1905,
décrets des 31 juillet et 5 juin 1908)

Je, soussigné, ai prélevé le
quatre échantillons de
d'une valeur déclarée de

Nom du fournisseur :

A, , le 19 .

L'Officier verbalisateur (3),

(1) Biffer les mots inutiles, suivant le cas.
(2) Numéro du prélèvement.
(3) Ou le fonctionnaire militaire verbalisateur.

Hygiène

MODÈLE N° 3

Format du papier :
Hauteur. 0m 095
Largeur 0m 17
(Papier fort ou parcheminé)

MINISTÈRE
DE LA GUERRE

° CORPS D'ARMÉE
ou
GOUVERNEMENT MILITAIRE
DE PARIS
OU DE LYON (1)

PLACE
d

Nature du produit :
Dénomination sous laquelle il est vendu :
Date du prélèvement :
Lieu où le prélèvement a été opéré :
N° d'enregistrement de la préfecture :

MINISTÈRE
DE LA GUERRE

° CORPS D'ARMÉE

PLACE
d

RÉPRESSION DES FRAUDES

Nature du produit :
Dénomination sous laquelle il est vendu :
Date du prélèvement :
Lieu où le prélèvement a été opéré :
N° d'enregistrement de la préfecture :

Nom du fournisseur :
Domicile :

L'Officier
(*ou* le fonctionnaire militaire verbalisateur) (1),

(1) Biffer les mots inutiles, suivant le cas.

Instruction relative à la composition et au fonctionnement des commissions de distributions de garnison

(É. M., vol. 78 *bis*) Paris, le 14 septembre 1910.

Art. 1. — Les contestations qui peuvent s'élever entre les parties prenantes, d'une part, et les services distributeurs d'autre part, à l'occasion des distributions de denrées autres que celles de l'ordinaire, destinées à l'alimentation des hommes ou des chevaux, sont réglées dans chaque place par la commission des distributions de la garnison, prévue par l'article 134 du décret du 25 mai 1910 sur le service intérieur des corps de troupe.

Art. 2. — La commission des distributions de la garnison est composée ainsi qu'il suit :

Président

Le commandant d'armes ou le major de la garnison.

Membres

Un officier supérieur (1)	désignés par le commandant d'armes
Deux capitaines.	
Un médecin ou un vétérinaire militaire, suivant les ressources de la garnison et la nature des denrées à examiner.	

Deux notables idoines choisis, l'un par le président de la commission, l'autre par l'officier d'administration gestionnaire du service ou l'entrepreneur, sur une liste dressée à l'avance par l'autorité municipale.

Le sous-intendant militaire chargé du service des subsistances, ou son suppléant, assiste aux séances de la commission, laquelle ne peut délibérer ou prendre de décisions hors de sa présence. Il est toujours entendu dans les observations qu'il formule, tant sur le fond même du litige qu'au point de vue de l'application du cahier des charges et des dispositions légales et réglementaires; il doit consigner ses observations au procès-verbal de séance.

Art. 3. — Lorsque les ressources en officiers ne permettent pas de réaliser la composition de la commission indiquée à l'article 2, on se rapproche, dans la mesure du possible, de cette composition en se conformant aux indications suivantes :

La commission est présidée par l'officier le plus ancien dans le grade le plus élevé présent dans la localité.

---

(1) L'officier qui a été chargé de recevoir les denrées ne doit pas faire partie de la commission.

L'officier supérieur et les deux capitaines sont remplacés par les deux officiers, sous-officiers, caporaux ou soldats qui marchent hiérarchiquement après le président.

Il est passé outre, le cas échéant, au défaut de médecin ou vétérinaire militaire.

Les deux notables idoines sont désignés ainsi qu'il est dit à l'article 2.

Dans le cas où le maire est suppléant du sous-intendant militaire, il est convoqué à ce titre.

Exceptionnellement, sur les points où il est impossible de faire appel à l'élément civil, les commissions sont constituées exclusivement avec l'élément militaire.

Art. 4. — La commission est convoquée par son président.

Après avoir entendu, d'une part, l'officier qui a refusé les denrées et, d'autre part, l'officier d'administration gestionnaire ou l'entrepreneur suivant le cas, elle prononce l'acceptation ou le refus des denrées. En cas de refus, elle prescrit, s'il y a lieu, les manutentions à faire subir aux denrées pour les rendre acceptables.

Elle peut proposer le rejet définitif des denrées, leur expulsion des magasins et leur destruction complète par enfouissement, jet à l'eau ou incinération, dans le cas où ces denrées auraient été reconnues nuisibles à la santé des hommes ou des chevaux. Le général commandant le corps d'armée statue sur ces propositions après avis exprimé par le directeur de l'intendance. Il leur donne les mesures d'exécution nécessaires et rend compte au ministre de la guerre (1).

La commission prononce à la majorité des voix; en cas de partage, la voix du président est prépondérante. Il est passé outre à l'absence d'un ou deux membres, pourvu qu'ils aient été régulièrement convoqués.

Art. 5. — Les décisions prononcées par la commission et la suite qui leur a été donnée sont constatées par procès-verbaux dressés en une seule expédition. Ces procès-verbaux, établis par le sous-intendant ou son suppléant et mentionnant, s'il y a lieu, les observations motivées de ce fonctionnaire, sont signés par tous les membres présents ainsi que par le sous-intendant militaire ou son suppléant. L'original reste aux archives du sous-intendant militaire ou de son suppléant; une copie est envoyée au directeur du service de l'intendance, une seconde au corps intéressé, une troisième au commandant d'armes qui la transmet, par voie hiérarchique, au général commandant le corps d'armée.

---

(1) Pour les denrées de l'entreprise, les mesures d'exécution prescrites doivent être en accord avec les dispositions des cahiers des charges communes régissant les marchés de fourniture ou de fabrication, qui se rapportent aux denrées présentées en distribution.

Circulaire portant modification à une addition apportée à la note insérée en tête des tarifs des rations de fourrages

(É. M., vol. 91) Paris, le 24 décembre 1910.

Les dispositions de la notification du 29 juillet 1910 (*B. O.*, P. R., p. 1372), portant addition à la note insérée en tête des tarifs des rations de fourrages, sont remplacées par les suivantes :

« Les officiers sont autorisés à percevoir, pour les chevaux affectés à leur remonte, soit la ration qui leur est allouée, comme partie prenante, par les trois tarifs en vigueur, soit celle correspondant à l'arme d'origine de ces chevaux.

« Le classement des chevaux provenant du commerce est déterminé par la commission de remonte des corps ou établissements les plus voisins. Les chevaux ne pourront être classés que dans l'artillerie, la cavalerie de ligne ou la cavalerie légère, à l'exclusion des cuirassiers. »

Circulaire portant addition au tarif des rations de fourrages en Algérie et Tunisie

(É. M., vol. 91) Paris, le 27 janvier 1911.

Une augmentation de la ration d'orge est attribuée aux 3e régiment de chasseurs d'Afrique et 3e régiment de spahis, dont l'effectif comprend un chiffre assez élevé de chevaux dépassant la taille de 1m 55, pour lesquels le taux de 4 kilos est insuffisant. Par mesure de simplification, cette augmentation est fixée à 50 grammes par jour et pour tous les chevaux de l'effectif, sauf, pour les corps intéressés, à en faire une répartition judicieuse de manière à en faire profiter les sujets auxquels elle est spécialement destinée. Ce supplément de ration est perçu dans toutes les positions.

Circulaire relative à l'exécution du service des distributions de denrées fourragères dans les places à l'entreprise

Document modifié : Article 9 du cahier des charges communes du 14 avril 1909

Paris, le 17 septembre 1910.

« Aucune distribution ne peut ni commencer, ni se poursuivre en dehors de la présence de l'officier de distribution, à moins d'une autorisation écrite du chef de corps.

« En cas d'infraction à cette disposition, l'entrepreneur est passible d'une pénalité de 5 %, calculée sur la valeur, au prix du marché, de la totalité des denrées portées sur le bon de distribution. Cette pénalité est appliquée par le sous-intendant militaire. »

Circulaire portant modification à la circulaire du 24 septembre 1908 relative à l'utilisation de la vieille paille de couchage pour la litière des chevaux

(É. M., vol. 9) Paris, le 9 février 1911.

Le texte de la circulaire du 24 septembre 1908 (*V.-M.*, p. 196), à partir du sixième alinéa, est remplacé par le suivant :

« En prenant pour base une paille de couchage ayant conservé les qualités d'une bonne denrée, ne contenant que peu de tiges brisées, on pourrait la distribuer en remplacement de 500 grammes de paille fraîche par jour au maximum.

« Quelle que soit la quotité de chacun des éléments (paille de couchage et paille fraîche) qui entrera dans la composition de la ration journalière, la dépense ne pourra, sous aucun prétexte, dépasser la valeur en argent de la ration normale de paille fraîche prévue aux tarifs de ration de fourrages.

« Le remboursement à la masse de couchage de la vieille paille cédée aux corps de troupe sera fait au moyen d'avances sur les fonds généraux de leur caisse; ces avances seront ensuite remboursées au titre du chapitre XLI (fourrages), dans la forme et les conditions prévues par le règlement sur l'administration et la comptabilité des corps de troupe. »

Circulaire relative au remplacement de l'indemnité de litière par une allocation gratuite de paille alimentaire en nature et à la suppression de la masse de litière existant dans les corps de troupe qui font usage du tarif des rations de fourrages du 4 août 1894

Document abrogé : Instruction du 24 février 1908 (*V.-M.*, p. 194)

(É. M., vol. 91) Paris, le 9 février 1911.

L'indemnité de litière, perçue par les corps de troupe et autres parties prenantes qui font usage du tarif du 4 août 1894, pour l'achat des matières nécessaires au couchage des chevaux, est remplacée par une allocation gratuite de paille alimentaire. Les quantités allouées par arme et subdivision d'arme sont les suivantes :

Arme et subdivision d'arme	Quantité
Cuirassiers, y compris les équipages régimentaires. Batteries d'artillerie attachées aux divisions de cavalerie. Officiers généraux Chevaux de carrière des écoles	3kg 000
Artillerie montée Compagnies de sapeurs conducteurs du génie Train des équipages militaires	2kg 800
Dragons, y compris les équipages régimentaires Chevaux de manège Chevaux des écuyers et des instructeurs dans les écoles et des vétérinaires principaux Officiers employés dans le service de l'état-major Officiers brevetés employés dans les corps ou services autres que celui de l'état-major Officiers détachés à l'administration centrale de la guerre.	2kg 700
Chasseurs, y compris les équipages régimentaires Hussards, y compris les équipages régimentaires. Bataillons d'artillerie à pied Gendarmerie Garde républicaine Fonctionnaires de l'intendance Officiers de l'état-major particulier de l'artillerie. Officiers de l'état-major particulier du génie Officiers d'infanterie	2kg 500
Chevaux de trait des équipages régimentaires de l'infanterie Officiers du génie Officiers du service des remontes Officiers du corps de santé (en dehors des corps de troupe). Vétérinaires n'appartenant ni à des corps de troupe, ni à des écoles et vétérinaires des établissements de remonte. Officiers du cadre des écoles (sauf les écuyers et les instructeurs).	2kg 500
Officiers d'administration. Fonctionnaires et agents de la télégraphie militaire, du Trésor et des postes Transports auxiliaires Imprimerie nationale.	2kg 500
Mulets de toute provenance	2kg 500

La masse de litière est supprimée à dater du 1er avril 1911; les comptes en seront arrêtés au 31 mars 1911, l'avoir étant versé au Trésor comme recettes accidentelles à différents titres.

Il demeure entendu que les approvisionnements de paille de litière, existant à cette date dans les places en gestion directe, devront être mis en consommation jusqu'à complet épuisement, les distributions étant faites à titre gratuit; dans les places à l'entreprise, la fourniture se continuera jusqu'au 31 octobre 1911 dans les conditions des cahiers des charges spéciales, les distributions, également faites à titre gratuit, étant remboursées aux entrepreneurs conformément aux dispositions de l'article 18 du cahier des charges générales du 14 avril 1909. Les corps de troupe qui ont contracté des marchés spéciaux pour la fourniture de matières de couchage autres que la paille, devront les continuer jusqu'à expiration.

Le nota « Litière », figurant en tête des observations du tarif du 4 août 1894 (*V.-M.*, p. 193), est remplacé par le suivant :

Les rations du pied de paix et de chemin de fer et celles pour les chevaux dans les dépôts de remonte se complètent par une allocation gratuite de paille alimentaire, au taux fixé pour chaque arme ou subdivision d'arme.

Sur le pied de guerre, en route, aux manœuvres, dans les camps d'instruction et en mer, les allocations de paille ne sont pas perçues.

Nota (B).

La première ligne est remplacée par la suivante :

La ration comporte, en outre, l'allocation de paille alimentaire.

Remplacement du son pour l'alimentation des chevaux par un mélange de son (gros ou moyen), de gruau bis et de remoulage

Lettre circulaire 5643 3/5 aux généraux commandant les corps d'armée (à l'exception des 4e, 5e, 9e, 11e, 12e et 13e corps)

Paris, le 11 octobre 1910.

Mon attention a été appelée, à diverses reprises, sur ce fait que le son provenant du service des subsistances militaires et employé, comme denrée de substitution, pour l'alimentation des chevaux de l'armée, serait considéré comme substance inerte et sans valeur nutritive.

Il est de fait que, par suite des perfectionnements apportés constamment dans l'exécution des moutures, le son est de plus en plus écuré, ce qui diminue sa valeur alimentaire. Il m'a paru, après examen de la question par les comités techniques de la cavalerie et de l'intendance, que l'ensemble des issues provenant de la mouture (à l'exclusion toutefois des petits sons et des recoupettes qui doivent rester éliminés) constituerait un produit plus nourrissant que les sons employés seuls et qu'il y aurait lieu d'expérimenter.

J'ai pris dans ce but, à la date du 3 octobre 1910, la décision suivante :

« Dans les places où le service des fourrages est assuré par la gestion directe, il ne sera plus fait usage du son seul (gros son ou son moyen) provenant des subsistances militaires, comme denrée de substitution pour l'alimentation des chevaux.

« Le service des fourrages distribuera, dans les conditions et les limites prévues pour les substitutions, aux corps de troupe qui en feront la demande, un mélange de son (gros ou moyen), de gruau bis et de remoulage, dans les proportions suivantes :

Son.	1/2
Gruau bis.	1/4
Remoulage.	1/4

« Les corps ayant opéré des substitutions dans ces conditions, feront connaître, à la date du 1er mai 1911, par un rapport du vétérinaire chef de service, accompagné des avis du directeur de l'intendance et du général commandant le corps d'armée, l'influence de cette alimentation sur l'état de santé des animaux et les avantages que ce mélange paraît présenter comparativement à l'emploi du son seul. »

REMONTE

Circulaire modifiant la circonscription territoriale des dépôts de remonte d'Arles et d'Agen

Document modifié : Annexe n° 3 de l'instruction du 27 octobre 1902 sur le service de la remonte générale à l'intérieur

(B. O., vol. 69; *V.-M.*, p. 242) Paris, le 12 septembre 1910.

Les changements suivants sont apportés à la division administrative et territoriale des établissements de remonte.

Dépôt de remonte d'Agen

A la suite du département de l'Aude, ajouter :

« (Moins les cantons de Chalabre, Couiza, Quillan, Belcaire, Axat et Alaigne). »

Dépôt de remonte d'Arles

A la suite des départements explorés, ajouter :

« Aude (cantons de Chalabre, Couiza, Quillan, Belcaire, Axat et Alaigne). »

Circulaire ayant pour objet le changement de dénomination d'une annexe de remonte

(B. O., vol. 69; *V.-M.*, p. 242) Paris, le 5 décembre 1910.

L'annexe de remonte installée dans le domaine de la Brosse, commune de Saint-Varent (Deux-Sèvres), rattachée au dépôt de remonte de Fontenay-le-Comte, sera désormais dénommée :

« Annexe de remonte de Saint-Varent (Deux-Sèvres). »

Au lieu de :

« Annexe de remonte de la Brosse »,

sa dénomination actuelle.

Remonte

Circulaire relative à la procédure à suivre pour les permissions à accorder aux vétérinaires militaires directeurs d'annexes de remonte

Document complété : Instruction du 27 octobre 1902
sur le service de la remonte générale à l'intérieur

(É. M., vol. 69) Paris, le 6 février 1911.

Des divergences d'interprétation se sont produites au sujet de la procédure à suivre en ce qui concerne les permissions à accorder aux vétérinaires militaires directeurs d'annexes de remonte.

En principe et conformément, d'une part, aux dispositions de l'instruction du 27 octobre 1902 sur le service de la remonte générale à l'intérieur (vol. nº 69, p. 5), et, d'autre part, aux articles 180 et 181 du décret du 25 mai 1910 sur le service intérieur des corps de troupe de cavalerie, les commandants de circonscription de remonte ont, après avis favorable du directeur du ressort vétérinaire, qualité pour accorder les permissions demandées par les vétérinaires directeurs d'annexes de remonte placés sous leurs ordres.

Par suite, l'autorité militaire territoriale ne doit être appelée à intervenir que pour assurer la suppléance des titulaires de permissions pendant la durée de leur absence.

En conséquence, l'article 74 de l'instruction du 27 octobre 1902, est complété ainsi qu'il suit :

« Les permissions à accorder aux vétérinaires militaires directeurs d'annexes de remonte sont transmises directement pour avis, par les commandants de circonscription de remonte, aux vétérinaires principaux directeurs de ressorts. Ceux-ci, en cas d'avis favorable, informent immédiatement les commandants de corps d'armée de la permission octroyée. Ils joignent à cet avis une liste du personnel vétérinaire disponible et susceptible d'être désigné pour la suppléance.

« M. le général inspecteur général permanent des remontes procède comme il est prescrit ci-dessus pour les permissions à accorder aux directeurs d'annexes dépendant de dépôts de remonte des circonscriptions. »

REMONTE DES OFFICIERS

Décret sur la remonte des officiers et assimilés de tous grades et de toutes armes (Troupes métropolitaines et troupes coloniales stationnées à l'intérieur)

Document abrogé : Décret du 14 août 1896 mis à jour; *V.-M.*, p. 335 et suivantes

(É. M., vol. 69 *ter*) Paris, le 24 février 1910.

Art. 1. — L'État fournit, à titre gratuit, aux officiers et assimilés, les chevaux dont ils doivent être pourvus sur le pied de paix comme sur le pied de guerre.

Toutefois, les officiers généraux et assimilés subissent une retenue mensuelle de 15 francs sur leur solde pour tout cheval appartenant à l'État, détenu par eux comme monture.

Art. 2. — Les officiers et assimilés peuvent renoncer, pour tout ou partie du nombre de chevaux qui leur est alloué, au bénéfice de la remonte gratuite par l'État et se remonter *à titre onéreux* avec des chevaux provenant du commerce, qui sont leur propriété, mais qu'ils doivent faire inscrire sur les contrôles.

Les officiers généraux et assimilés peuvent, en outre, s'exonérer des retenues prévues à l'article précédent en se remontant *à titre onéreux* avec des chevaux provenant des remontes de l'État.

La remonte à titre onéreux avec des chevaux provenant des remontes de l'État, comporte le remboursement à l'État, en un seul ou en deux versements égaux, de la valeur du cheval.

La propriété du cheval est conférée à l'officier général ou assimilé du jour de la cession, mais l'État garde sur cet animal un droit de préemption pour le rachat, dans le cas où le détenteur voudrait s'en défaire.

L'État, comme tout vendeur, n'est responsable que des maladies ou vices rédhibitoires prévus et constatés dans les délais fixés par la loi.

Art. 3. — Le nombre de chevaux auxquels chaque officier a droit, en temps de paix, est déterminé par le tableau annexé au présent décret.

Art. 4. — Pendant la période des grandes manœuvres, les officiers dont les montures seraient indisponibles, peuvent obtenir de prendre un cheval à titre temporaire parmi les chevaux de troupe.

Les officiers ayant droit à plusieurs montures doivent au préalable avoir leur complet réglementaire en chevaux.

Art. 5. — Les officiers et assimilés montés de tous grades peuvent être autorisés, par leur chef de corps ou de service, à posséder, en sus du complet réglementaire, une monture provenant du commerce, qu'ils se sont procurée à leurs frais et pouvant être logée dans les bâtiments militaires et nourrie au moyen de rations remboursables.

Art. 6. — Les officiers généraux du cadre de réserve ou en retraite, et les colonels en retraite, quand ils sont désignés, dès le temps de paix, pour exercer un commandement actif en campagne, ont le droit de posséder une monture à titre onéreux, nourrie aux frais de l'État.

Pour les officiers généraux, cette monture peut être un des chevaux provenant des remontes de l'État, dont ils étaient détenteurs à titre onéreux au moment de leur passage au cadre de réserve.

Art. 7. — Il est institué, dans les corps de troupe à cheval et dans les écoles militaires désignées par le ministre de la guerre, des commissions de remonte chargées de procéder à toutes les opérations de remonte des officiers.

Les comités d'achat des dépôts de remonte peuvent être appelés à jouer le rôle de commission de remonte.

Art. 8. — Le présent décret est applicable aux officiers et assimilés de tous grades appartenant aux troupes coloniales rattachées au département de la guerre.

Art. 9. — Les décrets des 14 août 1896, 14 août 1897, 4 juin 1903, 26 mars 1904, 11 juin 1906, 8 février et 21 avril 1907, 15 janvier 1908 sont abrogés, ainsi que toutes les dispositions relatives à la remonte des officiers, antérieures au présent décret.

Art. 10. — Le ministre de la guerre est chargé de l'exécution du présent décret qui sera publié au *Journal officiel* et inséré au *Bulletin des Lois*.

Instruction pour l'application du décret du 24 février 1910 sur la remonte des officiers (Troupes métropolitaines et troupes coloniales rattachées au Département de la guerre)

(É. M., vol. 69 *ter*) Paris, le 24 juin 1910.

La présente instruction a pour but de déterminer les conditions dans lesquelles doit être appliqué le décret du 24 février 1910, qui a fixé les droits des officiers à la remonte.

Art. 1. — L'âge minimum des chevaux livrés aux officiers par l'État est fixé comme il suit :

Quatre ans pour les chevaux de pur sang anglais, cinq ans pour les chevaux de pur sang anglo-arabe ou pour les chevaux de race barbe ou arabe;

Six ans pour les chevaux de toute autre provenance.

L'âge du cheval se compte du 1er janvier de l'année de sa naissance.

TITRE I

COMMISSIONS DE REMONTE

Des commissions de remonte de corps ou d'écoles

Art. 2. — Il est constitué, pour procéder aux opérations de remonte, une commission *permanente* dans les corps de troupe à cheval et dans les écoles militaires suivantes : École supérieure de guerre, École d'application de cavalerie, École d'application de l'artillerie et du génie, École spéciale militaire, École militaire de l'artillerie et du génie.

Les membres de cette commission sont désignés par le chef de corps ou le commandant de l'école.

Elle est composée :

D'un officier supérieur, *président*.

Du capitaine instructeur ou de son suppléant ou, à son défaut, d'un capitaine, et du vétérinaire chef de service ou de son suppléant, *membres*.

Dans les régiments, lorsqu'il s'agira d'acheter ou de racheter un cheval à un officier, la présidence de la commission, composée comme il est dit ci-dessus, appartiendra au chef de corps ou, à son défaut, au lieutenant-colonel, qui s'adjoindra à la commission.

Dans les écoles, la commission de remonte sera présidée, pour les mêmes cas, par le commandant de l'école ou le commandant en second.

Dans le cas d'un corps de troupe fractionné, il sera institué une commission de remonte dans chaque fraction composée d'au moins deux escadrons ou deux batteries.

En Algérie et en Tunisie, il peut être institué des commissions de remonte dans les escadrons et dans les batteries détachées. Ces commissions sont composées de trois officiers dont un vétérinaire (militaire ou civil).

Art. 3. — Les commissions, composées comme il est dit ci-dessus, se réunissent toutes les fois qu'il y a lieu :

1° De livrer un cheval comme monture à un officier ou assimilé étranger au corps ou à l'école.

2° De recevoir un cheval précédemment livré dans les conditions ci-dessus, réintégré par un officier ou assimilé étranger au corps ou à l'école;

3° De céder un cheval appartenant à l'État à un officier général ou assimilé qui désire s'en rendre acquéreur à titre onéreux, ou à un gendarme;

4° D'examiner, pour le racheter ou le déclarer impropre au service, un cheval provenant des remontes de l'État et détenu à titre onéreux par un officier général ou assimilé;

5° D'examiner en dernier ressort et d'acheter un cheval provenant du commerce, présenté par un officier.

Remonte des officiers

Les commissions de remonte achètent les animaux à prix d'estimation, dans la limite des prix fixés, pour chaque arme, à l'annexe nº V. Les chevaux achetés dans ces conditions sont alors remis aux officiers, mais ils restent la propriété de l'État.

Art. 4. — Les décisions des commissions de remonte sont définitives et sans appel.

Ces commissions opèrent sous leur propre responsabilité. Elles ne doivent acheter, pour être livrés ensuite aux officiers à un titre quelconque, que de bons chevaux exempts de tares ou maladies susceptibles de nuire à leur service, d'un caractère facile, bien dressés, bien conformés, susceptibles, en un mot, de remplir, immédiatement et par la suite, le service auquel ils sont destinés.

Elles ne sauraient être trop prudentes; elles ont le devoir d'exiger que le cheval soit bien dressé et le droit de le faire essayer devant la troupe, etc.

Il appartient aux généraux et aux chefs de corps de s'assurer si ces conditions sont remplies; dans le cas contraire, les membres de commission sont passibles de punitions disciplinaires.

Sauf dans certains cas, spécialement déterminés par les règlements, le ministre prononce, pour chaque cas particulier, au sujet de la nature et de la gravité de la responsabilité encourue.

Art. 5. — Les commissions ne devront pas hésiter, en écartant toute considération de personnes, à racheter un cheval provenant de la remonte, et dont un officier général ou assimilé se serait rendu précédemment acquéreur, qui serait reconnu bon pour le service, quand bien même le détenteur aurait intérêt à le vendre dans le commerce, ou à refuser, au contraire, tout cheval qui, bien que cédé depuis peu dans les conditions précédentes, aurait perdu entre les mains de son propriétaire les qualités exigées d'un bon cheval de guerre.

Elles doivent également tenir compte des observations qui précèdent pour l'estimation des chevaux ainsi rétrocédés par les officiers généraux ou assimilés, ou présentés par les officiers pour leur être achetés dans les conditions du titre V de la présente instruction.

Toutes les opérations des commissions de remonte sont inscrites au livret spécial.

Art. 6. — Les comités d'achat des dépôts de remonte peuvent fonctionner comme des commissions de remonte de corps pour l'achat de chevaux provenant du commerce et présentés par des officiers désirant les prendre comme montures; ces comités opèrent alors dans les conditions prévues au titre V (art. 33) et tiennent un livret spécial pour toutes ces opérations.

Art. 7. — Lorsqu'il s'agit de leur remonte personnelle, les membres des commissions de remonte sont remplacés par un autre officier de même grade.

TITRE II

OPÉRATIONS PRÉLIMINAIRES

Établissement des demandes

Art. 8. — Les demandes d'autorisation de remonte des officiers ou assimilés de tous grades et les demandes de cession à des officiers généraux ou assimilés, de chevaux appartenant à l'État, sont établies suivant la formule n° 1.

Les demandes de réintégration ou de rétrocession sont établies suivant la formule n° 2.

Dans les cas où la décision du ministre est nécessaire, les demandes sont établies en double expédition.

Autorisations, par qui données

Art. 9. — Les autorisations de remonte dans les écoles militaires ou au dépôt de remonte de Paris, prévues pour les officiers généraux ou assimilés par l'article 11 ci-après, ne sont accordées que par le ministre.

Les généraux commandant les corps d'armée et la division d'occupation de Tunisie autorisent les officiers sous leurs ordres à se remonter dans les corps de troupe à cheval de la région, sauf dans les régiments de cuirassiers. Ils autorisent la remonte, dans les mêmes conditions, des officiers des troupes coloniales stationnées sur le territoire de leur région.

Quand ils le jugent utile, dans l'intérêt du service, ils délèguent aux généraux de division et de brigade le droit d'autoriser certaines opérations.

Les chefs de corps de troupe à cheval autorisent les officiers sous leurs ordres à choisir leur monture parmi les chevaux du corps.

Le général inspecteur permanent des remontes autorise la remonte des officiers et vétérinaires sous ses ordres.

Les commandants des écoles militaires statuent sur tout ce qui concerne la remonte des officiers sous leurs ordres.

Les mêmes autorités accordent les autorisations de réintégration ou de rétrocession dans les mêmes conditions.

Les autorisations de remonte à titre temporaire, prévues par l'article 25 ci-après, sont accordées par les commandants de corps d'armée.

Validité

Art. 10. — Toutes les autorisations de remonte sont valables pendant trois mois. Elles sont renouvelables pour une même période.

TITRE III

OPÉRATIONS DÉFINITIVES

Livraisons et cessions

ART. 11. — Les officiers généraux et les assimilés, s'ils ne se remontent pas dans le commerce ou dans les corps de troupe à cheval, ont la faculté de prendre leurs montures à l'École d'application de cavalerie, à l'École supérieure de guerre ou au dépôt de remonte de Paris, dans une catégorie de chevaux dite d' « officiers généraux ».

Pour l'École de cavalerie, cette catégorie est constituée au 1er juillet de chaque année, et les autorisations de s'y remonter sont valables pendant une année.

Les généraux de division et les généraux de brigade qui ont sous leurs ordres des régiments de cuirassiers, peuvent se remonter dans ces régiments.

ART. 12. — Les officiers et les assimilés des corps de troupe à cheval (cavalerie, artillerie, compagnies de sapeurs-conducteurs du génie, train des équipages militaires), exercent leur choix sur la totalité des chevaux disponibles du corps, à l'exclusion des chevaux affectés aux officiers et sous-officiers rengagés (1) et des chevaux réservés pour la remonte des officiers étrangers au corps.

Les officiers des corps de troupe à cheval qui sont détachés dans un service d'état-major, se remontent dans les corps de leur subdivision d'arme stationnés dans la région où ils sont détachés. S'il n'existe pas de corps de leur subdivision d'arme, leur demande de remonte dans une autre région est soumise au ministre.

Les officiers des batteries d'artillerie détachées se remontent, comme les officiers sans troupe, dans les régiments d'artillerie de la région où ils sont employés, quand il n'existe pas à leurs batteries de montures diponibles.

Les officiers et assimilés de l'artillerie à pied ainsi que les officiers d'artillerie sans troupe (officiers de l'état-major particulier ou détachés dans les établissements ou écoles militaires) se remontent dans les régiments d'artillerie de campagne de la région où ils sont employés.

ART. 13. — Les officiers et les assimilés du cadre constitutif des écoles militaires prennent leurs montures parmi les chevaux de ces établissements, à l'exclusion des chevaux de manège et de carrière.

Les officiers détachés dans les écoles militaires pour en suivre les cours sont remontés par les soins des corps auxquels ils comptent normalement,

---

(1) Les chevaux ne peuvent être affectés aux sous-officiers rengagés que lorsqu'ils ont atteint au moins un an de plus que l'âge minimum auquel ils peuvent être livrés aux officiers, soit cinq ans pour les chevaux de pur sang, six ans pour les anglo-arabes et sept ans pour les autres.

à moins que les ressources en chevaux de l'école soient suffisantes pour permettre de leur attribuer momentanément des montures pour terminer les cours.

Art. 14. — Les officiers et les vétérinaires des établissements de remonte prennent leurs montures dans ces établissements, dans les conditions déterminées à l'article 9.

Art. 15. — Comme il importe que chaque cheval soit approprié au service auquel il est destiné, les officiers *n'appartenant pas à des corps de troupe à cheval* sont classés, au point de vue de la remonte, en quatre catégories, savoir :

1re catégorie (spéciale)

Officiers brevetés du service d'état-major hors cadres.

2e catégorie (dragons et artillerie)

Officiers brevetés employés dans les corps de troupe.
Stagiaires d'état-major.
Officiers non brevetés employés dans un service d'état-major.
État-major particulier de l'artillerie et du génie.
Officiers de l'artillerie à pied.
Officiers du génie.
Officiers de gendarmerie.
Vétérinaires militaires.
Officiers supérieurs des régiments d'infanterie.

3e catégorie (légère)

Fonctionnaires de l'intendance.
Officiers supérieurs du service de santé.

4e catégorie (arabes castrés)

Capitaines, médecins-majors de 2e classe et médecins aides-majors des corps d'infanterie (y compris les troupes coloniales).

Indépendamment des ressources fournies par les chevaux arabes castrés, les régiments de cavalerie légère chargés d'assurer la remonte des capitaines d'infanterie proposent tous les ans sept chevaux de six, sept et huit ans au plus, bien dressés, d'un caractère facile, en un mot confirmés et susceptibles d'assurer dans de bonnes conditions le service tout particulier pour lequel ils sont présentés.

Après leur acceptation par le général de brigade, ces animaux sont classés dans la catégorie spéciale entretenue pour la remonte des capitaines d'infanterie. Ils comptent en plus de l'effectif réglementaire du corps.

Si les ressources ainsi procurées sont insuffisantes, il y sera paré au

Remonte des officiers

Art. 22. — Les officiers et les assimilés remontés à titre onéreux, passant de France en Algérie ou en Tunisie et réciproquement, sont autorisés à emmener leurs chevaux à leurs frais, à l'exclusion de juments.

Les officiers et assimilés détenteurs de chevaux de pur sang appartenant à l'État, et passant de France en Algérie ou en Tunisie et *vice versa*, peuvent être autorisés par le ministre à emmener ces chevaux à leurs frais, à l'exclusion de juments.

Officiers en permission ou en congé

Art. 23. — Les officiers et les assimilés jouissant d'une permission ou d'un congé dont la durée n'excède pas trois mois, peuvent être autorisés par les commandants de corps d'armée, à emmener avec eux leurs montures, les frais de transport restent à leur charge.

Dans cette position, ils sont autorisés à percevoir les rations de fourrages qui leur sont allouées, dans le lieu de leur résidence. Un procès-verbal (mod. nº 9) constate l'état du cheval au départ et à la rentrée.

Manœuvres

Art. 24. — Il est absolument interdit d'emmener aux manœuvres des chevaux de l'État d'un âge inférieur à six ans pour les chevaux de pur sang et sept ans pour les autres.

Cette interdiction ne s'applique pas aux chevaux arabes castrés.

Remonte à titre temporaire

Art. 25. — Les officiers et assimilés n'appartenant pas à un corps de troupe à cheval, pourvus du nombre réglementaire de chevaux, dont les montures seraient momentanément indisponibles par suite de maladie ou d'accident, pourront, sur la production d'un certificat du vétérinaire, être autorisés, par les commandants de corps d'armée, à monter des chevaux de troupe pendant les périodes de manœuvres. La même autorisation pourra être accordée par les commandants de corps d'armée aux officiers et assimilés n'appartenant pas à un corps de troupe à cheval dont les chevaux n'auraient pas atteint l'âge requis par l'article précédent.

L'état du cheval est constaté au départ et au retour par procès-verbal et le détenteur est responsable des dépréciations ou de l'usure provenant de son fait.

TITRE IV

. . . .

TITRE V

MONTURES PROVENANT DU COMMERCE

Art. 29. — Les officiers de toutes armes et les assimilés, qui renoncent à choisir leurs montures parmi les chevaux désignés, peuvent les prendre dans le commerce et les présenter pour être rachetés par l'État dans les conditions suivantes :

Les chevaux achetés ne peuvent être âgés que de six ans au moins et de huit ans au plus, à l'exception des chevaux de pur sang qui peuvent être achetés à l'âge de quatre ans au moins pour les pur sang anglais et cinq ans pour les anglo-arabes.

L'officier ou assimilé qui désire se remonter dans ces conditions soumet le cheval qu'il a choisi à un examen de son chef de corps ou de service, qui l'apprécie et en prononce l'acceptation provisoire, après toutefois que le vétérinaire chargé du service sanitaire du corps ou du service a reconnu que le cheval n'est atteint d'aucune maladie contagieuse, ni de vices rédhibitoires, ni d'aucune tare ou maladie susceptible de nuire à son service. Cette acceptation donne lieu à une inscription provisoire sur les contrôles; elle ouvre le droit à la perception des fourrages et au logement dans les écuries des casernements ou bâtiments militaires.

Art. 30. — Pendant une période de huit jours qui suit l'inscription provisoire sur les contrôles, le cheval est l'objet d'un examen attentif des chefs hiérarchiques du détenteur, au point de vue du caractère, du dressage et de l'endurance. Des épreuves de résistance et d'aptitude au service de l'arme lui sont imposées, de manière à constituer un essai complet du cheval. Il est également l'objet d'une surveillance constante du service vétérinaire, aussi bien au point de vue de l'état sanitaire que des vices rédhibitoires.

Art. 31. — A la fin de la période d'essai, si les résultats de cet examen ont été reconnus favorables, le chef de corps ou de service déclare que le cheval peut être présenté à une commission de remonte. Cette déclaration est accompagnée d'un certificat vétérinaire constatant que le cheval n'est pas atteint de vice rédhibitoire ni d'aucune tare susceptible de nuire à son service. L'officier ou assimilé est ensuite invité à présenter son cheval, monté par lui-même et en armes, à la commission de remonte.

Si l'officier ou assimilé appartient à un corps de troupe à cheval ou à une école militaire possédant une commission de remonte, le cheval est présenté à cette commission; dans le cas contraire, il est présenté à la commission du corps ou d'école la plus voisine de la résidence de l'intéressé, ou au comité d'achat du dépôt de remonte le plus voisin, si ce dernier est plus proche que les commissions précitées.

Art. 32. — Aussitôt que le chef de corps ou de service a déclaré que le cheval pouvait être présenté à une commission de remonte, il convoque ladite commission s'il appartient à un corps de troupe à cheval ou à une école; dans le cas contraire, il informe le commandant d'armes qui provoque la réunion de la commission de remonte ou du comité d'achat qui doit, d'après les dispositions de l'article précédent, être chargé de l'achat du cheval.

Art. 33. — Si la commission de remonte ou le comité d'achat devant lequel le cheval est ainsi présenté, après l'avoir examiné en dernier ressort, juge le cheval susceptible de rendre les services auxquels il est destiné, il est procédé à l'achat.

L'achat a lieu dans les conditions d'âge et de prix déterminées au présent règlement (art. 29 et annexe n° V).

La commission de remonte établit un procès-verbal d'achat et le prix du cheval est payé à l'officier ou assimilé qui l'a présenté, par les soins du corps ou de l'école auquel appartient la commission.

Le paiement a lieu immédiatement sur les fonds généraux de la caisse du corps ou de l'établissement, lequel est ensuite remboursé, sur la production du procès-verbal d'achat.

Les comités d'achat des dépôts de remonte opèrent, suivant le cas, de la manière suivante :

Si l'officier ou assimilé appartient à un corps de troupe, le président du comité établit le procès-verbal d'achat et l'adresse au fonctionnaire de l'intendance chargé de la vérification des comptes du corps auquel appartient l'officier. Ce fonctionnaire établit, au nom de l'officier, un mandat montant au prix fixé par le comité.

S'il s'agit d'un officier sans troupe ou assimilé, ou d'un officier de gendarmerie, le président du comité délivre à l'officier un mandat du service de la remonte, comme pour ses autres achats, et comprend cette dépense dans sa demande de fonds.

Dans ce dernier cas, la commande du dépôt de remonte se trouve augmentée par le fait même de l'autorisation donnée de présenter le cheval au dépôt.

Le cheval est alors remis à l'officier et immatriculé à titre définitif.

Si la commission ne juge pas le cheval susceptible d'être acheté, celui-ci est immédiatement rendu à l'officier et rayé des contrôles.

Dans le cas où l'officier, dûment autorisé, renoncerait à présenter son cheval à la commission de remonte, ce cheval serait rayé des contrôles et rendu à l'officier.

TITRE VI

PRIX DE CESSION

Cessions aux officiers généraux et assimilés

Art. 34. — Les chevaux de l'État remis à titre onéreux aux officiers généraux et assimilés, sont cédés au prix de nomenclature jusqu'au 31 décembre de l'année dans laquelle ils prennent neuf ans, c'est-à-dire lorsqu'ils ont neuf ans révolus.

A partir du 1er janvier de l'année dans laquelle ils prennent dix ans, les chevaux sont cédés avec une réduction égale au huitième de ce prix; ultérieurement, la cession est faite avec une réduction d'autant de huitièmes qu'ils ont accompli d'années en plus, sans que toutefois la diminution puisse dépasser les cinq huitièmes du même prix.

Ce prix sera, quelle que soit l'époque de cession, diminué du montant des retenues déjà effectuées.

Les officiers généraux et assimilés qui subissent sur leur solde une retenue de 15 francs par mois deviendront propriétaires de leur monture quand le montant de leurs retenues aura atteint le prix de cession du cheval.

Lorsque les officiers généraux et assimilés sont appelés à passer d'office de France en Algérie ou en Tunisie et réciproquement, ils sont admis à reporter sur d'autres chevaux le montant des retenues qu'ils ont subies pour les chevaux abandonnés et dont ils ne sont pas encore devenus propriétaires.

Rachat des chevaux

ART. 35. — Le prix de nomenclature est applicable au décompte de la valeur des chevaux qui ont été cédés par l'État, encore aptes à un service de guerre, et dont les officiers détenteurs désirent se défaire. Il est également tenu compte des réductions du fait de l'âge de l'animal, sans préjudice des dépréciations constatées.

Cessions à d'autres services

ART. 36. — Le prix des chevaux cédés à différents services ou à d'autres ministères (marine, colonies, etc.) et aux troupes coloniales rattachées au département de la guerre, est remboursé au prix de nomenclature, annexe IV.

Pour les rétrocessions, le prix de remboursement est également celui de l'annexe IV.

TITRE VII

VERSEMENTS A EFFECTUER — RETENUES SUR LA SOLDE DES OFFICIERS GÉNÉRAUX ET ASSIMILÉS

Retenues mensuelles

ART. 37. — Les retenues mensuelles de 15 francs par cheval, sur la solde des officiers généraux et assimilés, prescrites par l'article 1 du décret du 24 février 1910, sont effectuées, chaque mois, au moment du paiement de la solde des officiers, conformément aux dispositions de l'article 26 de la présente instruction et dans les conditions fixées par le règlement sur le service de la solde.

Ces retenues cessent lorsque leur montant total est égal au prix de cession.

Remonte des officiers

Versements pour chevaux cédés à titre onéreux

Art. 38. — Le prix du cheval est payé comptant ou en deux portions dont la moitié au moment de la livraison et la deuxième moitié six mois après la date à laquelle la cession a été effectuée.

. . . .

TITRE VIII

SURVEILLANCE — RESPONSABILITÉ

Surveillance à exercer sur les chevaux de l'État livrés à titre gratuit aux officiers

Art. 40. — Les chefs de corps ou de service exercent une surveillance particulière sur les chevaux de l'État dont les officiers sont détenteurs à titre gratuit.

Il est interdit de les atteler.

Sous aucun prétexte, ils ne peuvent être prêtés à des personnes étrangères à l'armée.

Responsabilité

Art. 41. — La livraison, dans les troupes métropolitaines, est faite personnellement à chaque officier, en raison de ses fonctions et non à la fonction même.

Dans les régiments d'infanterie coloniale, la remonte des officiers subalternes est impersonnelle, la monture étant attribuée au corps et non à l'officier. Le corps est, par suite, substitué à l'officier au point de vue de la responsabilité, sauf recours de sa part, s'il y a lieu, contre l'officier à la disposition duquel la monture aurait été mise.

Les officiers sont responsables, vis-à-vis de l'État, des montures qui leur sont confiées pour l'exécution de leur service personnel, à compter du jour où elles leur sont remises jusqu'au jour où ils s'en dessaisissent régulièrement.

Lorsque les montures cessent de leur être utiles, ils doivent, pour dégager leur responsabilité, en provoquer la réintégration, sauf le cas où leurs successeurs demandent à les reprendre dans l'état où elles se trouvent; dans ce cas, ces derniers en deviennent responsables.

Art. 42. — Les officiers sont pécuniairement responsables de la perte d'un cheval, lorsqu'elle leur est imputable, ainsi que de toutes les dépréciations dont l'existence ne serait pas antérieure à la livraison et pour lesquelles ils ne produisent pas de documents démontrant que leur responsabilité n'est pas engagée.

Par suite, les officiers détenteurs de chevaux doivent faire constater immédiatement par un procès-verbal dressé par le vétérinaire, visé par le sous-intendant militaire et accompagné d'un rapport motivé du chef de corps ou de service, les causes de la mort ou des accidents survenus pendant le service ou à l'occasion du service et pouvant déprécier les animaux.

En cas d'accidents, ces procès-verbaux sont conservés par les officiers pour être produits au moment de la réintégration ou de la réforme du cheval.

En cas de mort ou de réforme et seulement lorsque la responsabilité de l'officier est engagée, le procès-verbal modèle nº 11, le procès-verbal du vétérinaire et le rapport motivé du chef de corps ou de service sont adressés au ministre (2e Direction; remontes).

En cas de mort, il y est joint un procès-verbal d'autopsie.

Le prix de vente du cheval, s'il est réformé, ou le produit de la dépouille s'il est mort ou abattu, est déduit de la somme laissée à la charge de l'officier.

Cette somme est versée par l'officier, au Trésor, dans les conditions indiquées à l'article 46.

Indemnité en cas d'accident. — Il pourra être tenu compte aux officiers généraux et assimilés des droits qu'ils auront acquis sur les montures qu'ils détiennent dans les conditions de l'article 1 du décret du 24 février 1910, dans le cas où ces montures seraient mortes, réformées ou passées à la troupe à la suite d'accidents précis arrivés en service commandé, et dûment constatés par procès-verbal du sous-intendant militaire. La décision est réservée au ministre, qui apprécie les motifs invoqués d'après l'avis du comité technique de la cavalerie.

Ces dispositions ne sauraient s'appliquer aux accidents survenus à l'écurie ou à la suite de maladies.

L'indemnité à payer sera égale aux versements effectués, sauf déduction d'un huitième par chaque année de possession réalisée au delà de l'âge de dix ans.

Cette indemnité sera payée sur les fonds de la solde (indemnités pour pertes de chevaux).

TITRE IX

RÉINTÉGRATION — DÉCLASSEMENT

ART. 43. — Les demandes de réintégration de chevaux de l'État détenus par des officiers, ne doivent être accueillies que si elles sont basées sur des raisons de service.

Il ne doit pas être réintégré de chevaux susceptibles d'être réformés immédiatement.

Le déclassement de ceux qui ont cessé de remplir les conditions d'un bon service est demandé à l'occasion des inspections du service courant.

Pour les chevaux déclassés des officiers des divers états-majors (brevetés ou non), sans troupe et assimilés et des officiers d'infanterie, des corps de troupe de l'artillerie à pied ou du génie, il est rendu compte au commandant de corps d'armée ou à son délégué, qui désigne le corps de troupe à cheval de la région dans lequel le cheval doit être versé, d'après la subdivision d'arme d'où il provient et à laquelle il convient.

Art. 44. — Les réintégrations des chevaux donnent lieu, sur les procès-verbaux, à des indications qui sont extraites du livret de la commission de remonte de corps ou d'école.

Art. 45. — Les chevaux réintégrés ou versés dans le rang pour une cause quelconque sont examinés avec le plus grand soin par les commissions de remonte de corps ou d'école auxquelles les détenteurs doivent fournir, au moment de la réintégration, tous les renseignements écrits ou verbaux de nature à éclairer ladite commission. Les renseignements fournis après la réintégration sont considérés comme nuls et non avenus.

Les officiers ne sont pas tenus d'assister eux-mêmes à la réintégration de leurs chevaux; ils peuvent déléguer une personne de confiance chargée de les représenter et à laquelle il remettent les pièces nécessaires concernant les animaux (procès-verbaux de livraison, livrets matricule et d'infirmerie, etc.) et tous documents ou renseignements tendant à dégager leur responsabilité.

Art. 46. — Les commissions de remonte de corps ou d'école apprécient si la responsabilité des détenteurs est ou non engagée; dans le premier cas, elles fixent le montant de la dépréciation à imputer à l'officier, en tenant compte de l'âge du cheval, de la durée et de la nature des services auxquels les animaux étaient soumis; dans le second cas, elles mentionnent que la responsabilité du détenteur n'est pas engagée.

Les décisions, quelles qu'elles soient, sont portées sur les procès-verbaux, dans la colonne réservée pour les réintégrations.

Les gouverneurs militaires ou commandants de corps d'armée approuvent les procès-verbaux en question, imputent définitivement les dépréciations aux officiers responsables et en poursuivent le remboursement au Trésor au titre de reversements de fonds sur les dépenses des ministères.

Si les officiers en font la demande, ils peuvent être autorisés à rembourser le montant de ces dépréciations au moyen de retenues mensuelles jusqu'à concurrence du cinquième de leur solde. Les récépissés de versement au Trésor sont transmis au fur et à mesure au ministre (2e Direction; remontes).

Dans le cas où les gouverneurs militaires ou commandants de corps d'armée n'approuvent pas les imputations prononcées par la commission de remonte, ils en rendent compte dans des rapports motivés au ministre qui statue.

Art. 47. — Les corps de troupe à cheval ne peuvent refuser de recevoir les chevaux dont la réintégration est ordonnée par le commandement.

Art. 48. — Les chevaux arabes castrés qui sont devenus impropres à la remonte des capitaines d'infanterie sont déclassés et versés dans le rang s'ils peuvent y rendre des services; dans le cas contraire, ils sont proposés pour la réforme.

Remonte des officiers

Art. 49. — Les chevaux livrés aux officiers généraux et assimilés par l'École supérieure de guerre, par l'École d'application de cavalerie ou par le dépôt de remonte de Paris, ne peuvent être réintégrés qu'à l'établissement d'où ils proviennent.

Réforme

Art. 50. — Les chevaux reconnus impropres au service sont réformés sur place, par les autorités indiquées au service courant, sur la proposition du chef de corps ou de service auquel appartiennent les officiers détenteurs.

Les propositions de réforme sont accompagnées d'un procès-verbal dressé par le vétérinaire et visé par le sous-intendant militaire.

Art. 51. — Les chevaux appartenant à l'État dont la réforme est prononcée sont remis aux domaines pour être vendus au profit du Trésor dans un délai qui ne doit pas excéder quinze jours après le prononcé de la réforme.

Rétrocessions

Art. 52. — Tout officier général ou assimilé détenteur d'un cheval à titre onéreux provenant de la remonte, ne peut s'en défaire sans l'avoir présenté à une commission de remonte de corps ou d'école, qui délivre, s'il y a lieu, un certificat d'impropriété au service, conformément aux prescriptions de l'article 54 ci-après.

Les gouverneurs militaires ou les commandants de corps d'armée désignent le corps auquel l'animal doit être présenté, suivant la subdivision d'arme de laquelle il provient, s'il a été cédé par un corps de troupe, ou suivant celle à laquelle il peut convenir d'après la taille ou la conformation.

Art. 53. — Les chevaux qui ont été cédés par l'État, encore aptes au service de guerre, et dont les officiers détenteurs désirent se défaire pour une cause quelconque, sont rachetés par l'État dans les conditions indiquées à l'article 35.

Les chevaux qui n'auraient pas l'âge de dix ans, seront considérés comme ayant cet âge et rachetés au prix fixé par la nomenclature pour les chevaux de dix ans, sans préjudice des réductions pour dépréciation.

La commission de remonte de corps ou d'école constate si le cheval est encore susceptible de faire un bon service. Dans ce cas, l'acquisition en est immédiatement effectuée à prix d'estimation, en tenant compte des prescriptions des paragraphes précédents. Ce prix de rétrocession ne peut, en aucun cas, servir de base, si le cheval vient à être remis à nouveau à un officier général ou assimilé.

Le paiement a lieu comme il est indiqué à l'article 33 ci-dessus, le procès-verbal d'achat étant remplacé par un procès-verbal de rétrocession.

Si, au moment du rachat, l'État n'a pas encore été intégralement remboursé de la valeur du cheval qu'il avait cédé, le détenteur devra être invité à se libérer sans délai envers le Trésor.

Impropriété

Art. 54. — Si le cheval n'est pas reconnu susceptible de faire un bon service, la commission de remonte dresse un procès-verbal constatant l'impropriété au service de l'animal, et l'officier est libre de se défaire à son gré de sa monture.

Art. 55. — Tout cheval présenté et refusé par une commission de remonte ne peut être présenté à une autre commission.

Art. 56. — Les animaux reconnus, postérieurement à leur rétrocession, et dans les délais prévus par la loi atteints de maladies et de vices rédhibitoires, seront rendus à l'officier auquel ils auront été achetés. L'officier reversera immédiatement au Trésor la somme qu'il aura reçue pour prix de son cheval et le récépissé de ce versement sera adressé au ministre.

TITRE X

DISPOSITIONS SPÉCIALES

Officiers décédés

Art. 57. — Les héritiers des officiers généraux ou assimilés décédés doivent rétrocéder à l'État les chevaux provenant de la remonte dont ces officiers étaient détenteurs à titre onéreux.

Ils n'acquièrent le droit d'en disposer à leur gré que si une commission de remonte déclare ces animaux impropres au service.

Frais de déplacement

Art. 58. — Les frais de déplacement sont alloués dans les conditions déterminées par le règlement sur les frais de déplacement des militaires isolés (vol. n° 100^5).

Le droit au transport des chevaux au compte de l'État est déterminé par l'instruction du 11 décembre 1903, partie intitulée : « Application de l'arrêté du ministre des travaux publics du 9 mai 1903 » (*B. O.*, É. M., vol. n° 100^3).

Ferrure, tonte et infirmerie

Art. 59. — Les dispositions concernant la ferrure des chevaux et les soins à leur donner sont celles prévues dans le règlement sur le service du harnachement.

Logement des chevaux

Art. 60. — En principe, tous les chevaux au service des officiers doivent être logés dans les bâtiments militaires.

A défaut de place dans ceux-ci, l'État doit pourvoir au logement de ces chevaux.

Exceptionnellement, les officiers peuvent être autorisés à loger leurs chevaux en ville, à leurs frais.

La valeur des fumiers appartient à la masse de harnachement.

Lorsque, par cas de force majeure, les chevaux sont logés en ville aux frais des officiers, les fumiers leur appartiennent; ces cas de force majeure se restreignent :

a) Au manque d'écurie dans les bâtiments militaires;

b) A l'éloignement des quartiers du lieu où l'officier exerce son service.

Dépenses occasionnées par les chevaux possédés en sus du complet réglementaire

Art. 61 (1). — Les chevaux possédés en sus du complet réglementaire, conformément à l'article 5 du décret du 24 février 1910, peuvent être logés dans les bâtiments militaires, lorsque les ressources du casernement le permettent.

Tout cheval possédé en sus du complet réglementaire et logé dans les bâtiments militaires doit être nourri au moyen de rations remboursables.

Les dépenses de ferrure incombent aux propriétaires des chevaux, mais ils ont droit aux médicaments, à la tonte et aux soins gratuits du vétérinaire militaire ou des vétérinaires civils rétribués par le budget de la guerre pour ce service militaire.

Quand les chevaux sont logés dans les bâtiments de l'État, les fumiers sont vendus au profit de la masse d'entretien du harnachement du corps qui fournit les ustensiles d'écurie.

TITRE XI

DISPOSITIONS TRANSITOIRES

Art. 62. — Les dispositions ci-après seront prises pour assurer la mise en vigueur de la présente instruction, en ce qui concerne les chevaux actuellement détenus à l'abonnement et les chevaux provenant des remontes de l'État, actuellement détenus à titre onéreux par des officiers supérieurs et assimilés, conformément aux dispositions du décret du 14 août 1896.

Les officiers qui sont détenteurs de chevaux à l'abonnement auront la faculté d'opter entre les trois solutions ci-après :

1° Renoncer à tout droit de possession ultérieure en abandonnant à

(1) Tant qu'ils sont inscrits sur les contrôles, ces animaux ne sont pas soumis au classement, et, aux termes d'une circulaire du ministre des finances, en date du 21 janvier 1882, ils sont exempts de la contribution sur les voitures, chevaux, mulets et mules. Ils sont transportés aux frais de l'État lorsque le déplacement a lieu en vertu d'un ordre de service, sauf les exceptions prévues à l'instruction ministérielle sur les transports de la guerre.

La possession d'un cheval en sus du complet réglementaire ne donne pas droit à un nombre d'ordonnances supérieur à celui attribué pour le complet réglementaire.

l'État les sommes déjà retenues sur la solde ou versées au Trésor mensuellement pour les chevaux dont il s'agit. Dans ce cas, le cheval reste la propriété de l'État et l'officier est considéré comme remonté à titre gratuit;

2° Compléter les retenues ou versements mensuels déjà effectués en versant au Trésor, soit en une seule fois, soit en deux versements égaux, à six mois d'intervalle, la somme nécessaire pour parfaire le prix du cheval qui lui a été cédé. Celui-ci devient alors la propriété de l'officier et lui est affecté comme monture à titre onéreux;

3° Compléter les retenues ou versements mensuels déjà effectués en continuant à subir la retenue mensuelle de 15 francs par cheval. Lorsque le total des retenues ou versements effectués sur cette monture sera égal au prix de cession du cheval, celui-ci deviendra la propriété de l'officier et lui sera affecté comme monture à titre onéreux. Il en sera de même le 1er janvier de l'année où le cheval prendra seize ans, quel que soit le montant des versements ou retenues effectués, et les retenues cesseront à ce moment.

Art. 63. — Les officiers feront connaître leur choix avant le 1er août prochain. . . . .

Art. 64. — Les chevaux provenant de la remonte, actuellement détenus à titre onéreux par des officiers supérieurs et assimilés, resteront leur propriété et leur demeureront affectés comme montures au même titre.

Art. 65 (1). — L'indemnité de monture continuera à être allouée dans les mêmes conditions qu'antérieurement aux officiers détenteurs, au moment du changement de régime, de chevaux à titre onéreux ou à l'abonnement, ou qui deviendraient propriétaires de leurs chevaux en vertu des dispositions qui précèdent, tant que ces chevaux seront détenus par eux. Elle cessera toutefois d'être allouée le 1er janvier de l'année dans laquelle le cheval prendra seize ans.

Les officiers remontés à l'abonnement et qui opteront pour la troisième des solutions prévues à l'article 62 pourront, dans le cas où leurs montures seraient mortes, réformées ou passées à la troupe à la suite d'accidents survenus en service commandé (Voir art. 42), recevoir une indem-

---

(1) La portion de l'indemnité de monture correspondant à l'entretien du harnachement (180f par an) continuera d'être allouée aux officiers supérieurs dans les mêmes conditions qu'antérieurement, qu'ils soient ou non remontés à titre gratuit.

La portion complémentaire applicable à l'amortissement du prix du cheval (180f pour un cheval, 360f pour deux chevaux et plus) sera attribuée transitoirement :

a) Aux officiers supérieurs détenteurs, au moment du changement de régime, d'un ou de plusieurs chevaux à titre onéreux, tant que ces chevaux seront détenus par eux et n'auront pas atteint l'âge de seize ans;

b) Aux officiers supérieurs qui, détenteurs d'un ou de plusieurs chevaux à l'abonnement, opteraient pour la deuxième ou la troisième des solutions prévues à l'article 62, et dans les mêmes délais que ci-dessus.

Les officiers supérieurs qui opteront pour la première solution conserveront le droit à ladite portion complémentaire jusqu'au jour de l'option et subiront jusqu'à cette date la retenue mensuelle de 15 francs par cheval détenu à l'abonnement.

nité dans les mêmes conditions que les officiers généraux, alors même que par le jeu des retenues effectuées ils n'en seraient pas encore devenus propriétaires.

Art. 66. — Les chevaux provenant de la remonte et qui seront la propriété des officiers supérieurs ou assimilés en vertu des articles 62 et 64 ci-dessus, seront soumis à toutes les règles tracées par la présente instruction pour la remonte à titre onéreux des officiers généraux avec des chevaux provenant des remontes de l'État (rétrocession, impropriété, etc.).

Toutefois, lorsque ces chevaux seront présentés aux commissions de remonte pour être rachetés, ils ne pourront être payés à un prix supérieur au prix primitif d'achat par la remonte, diminué d'autant de huitièmes de ce prix que le cheval aura d'années en plus de neuf ans.

Art. 67. — Les chevaux ainsi détenus à titre onéreux compteront dans le nombre des montures attribuées à l'officier et supprimeront, pour un nombre égal d'animaux, le bénéfice de la remonte gratuite, tant qu'ils n'auront pas été rétrocédés ou reconnus impropres au service par une commission de remonte.

Art. 68. — Les officiers supérieurs et assimilés partant en retraite pourront être autorisés à emmener un cheval, provenant des remontes de l'État, détenu par eux à titre onéreux. Les demandes d'autorisation seront soumises au ministre.

ANNEXE N° II

REMONTE DES OFFICIERS DU SERVICE D'ÉTAT-MAJOR

Mode de remonte des officiers brevetés

Il est constitué une catégorie spéciale de chevaux réservée pour la remonte des officiers du service d'état-major hors cadres et des officiers brevetés détachés dans ce service (officiers stagiaires non compris).

Les officiers subalternes prendront dans cette catégorie toutes les montures auxquelles ils ont droit.

Les officiers supérieurs ne pourront posséder qu'une seule monture provenant de cette catégorie.

Les officiers brevetés, employés dans les corps de troupe ou en qualité d'officiers stagiaires dans l'état-major, et les officiers non brevetés détachés dans le service d'état-major, ne se remonteront pas dans la catégorie spéciale; ils continueront à le faire d'après les dispositions prévues par le décret du 24 février 1910.

Constitution de la catégorie spéciale

La catégorie spéciale sera alimentée directement par le service de la remonte au moyen de l'achat d'un contingent annuel de 142 chevaux.

Remonte des officiers

Les pertes provenant de la mortalité seront compensées dans ce contingent, comme pour les autres armes et services, dans les conditions stipulées par la circulaire sur la répartition annuelle des contingents de remonte.

Composition du contingent

En principe, les chevaux nerveux, irritables, de modèle trop léger ou mal conformés, seront écartés absolument de la catégorie spéciale.

Vu la diversité des tailles et des tempéraments des officiers à remonter, cette catégorie comprendra quatre cinquièmes de chevaux de ligne et un cinquième de chevaux de légère, répartis entre les corps d'armée conformément au tableau ci-après. Un tiers des chevaux de ligne devront avoir la taille et l'étoffe nécessaires pour remonter des officiers grands et forts. Dans cette répartition, il entrera, en outre, une certaine proportion de chevaux de pur sang anglais ou anglo-arabe, qui pourra atteindre, mais sans le dépasser, le dixième du nombre total de chevaux de cette espèce achetés par la remonte.

Répartition dans les régiments

Dans chaque corps d'armée, les chevaux de la catégorie spéciale seront confiés à un certain nombre de régiments. Exceptionnellement, les chevaux de cette catégorie attribués au gouvernement militaire de Paris, seront, en raison, de leur effectif relativement élevé, confiés en partie à des régiments de cavalerie de la 5e région.

L'annexe III indique le nombre de chevaux affectés chaque année aux divers régiments.

Quelle que soit la subdivision d'arme dans laquelle ces chevaux seront versés, ils auront droit aux allocations de fourrages déterminées par les tarifs pour les chevaux des officiers d'état-major.

Lorsqu'un corps détenteur de chevaux de la catégorie spéciale changera de garnison, il versera ces chevaux au régiment qui le remplacera. Un état de cession sera établi; le degré de dressage et d'entretien des chevaux et leurs tares y seront consignés; cet état sera signé par le général de brigade.

Après leur achat, les chevaux de la catégorie spéciale seront affectés par le service des remontes aux régiments désignés. Ceux âgés de moins de cinq ans seront dirigés sur un dépôt de transition, puis envoyés au corps à la même époque que son contingent annuel de jeunes chevaux. Ceux âgés de plus de cinq ans seront envoyés directement dans les corps d'affectation. Il en sera de même pour les chevaux de pur sang de quatre ans.

Les chevaux réservés pour la remonte des officiers d'état-major compteront en sus de l'effectif des corps.

Dressage des chevaux

Les régiments désignés pour recevoir les chevaux de la catégorie spéciale seront chargés de l'entretien et du dressage de ces chevaux, sous la responsabilité des capitaines commandants vis-à-vis des chefs de corps.

Ces chevaux seront répartis entre les escadrons et de manière que chaque escadron n'ait, autant que possible, à assurer annuellement le dressage que d'un seul cheval de la catégorie spéciale. Leur dressage devra être dirigé spécialement en vue du service d'état-major; ils devront, par suite, être montés dehors toujours isolément, être habitués aux terrains variés, être familiarisés avec la vue des troupes, le bruit du tambour, de la mousqueterie, du canon, etc.

Ils pourront être montés isolément aux manœuvres de garnison, mais uniquement au point de vue de leur dressage spécial; ils ne seront emmenés aux grandes manœuvres qu'à l'âge de sept ans (six ans pour les chevaux de pur sang).

Ils ne seront jamais affectés aux officiers comme chevaux d'arme.

Surveillance et contrôle

Les généraux exerceront une surveillance particulière sur les chevaux de la catégorie spéciale. Ils rendront compte au ministre immédiatement, par la voie hiérarchique, de toutes questions ou événements importants intéressant cette catégorie.

Livraison des chevaux aux officiers d'état-major

Les autorisations de remonte dans la catégorie spéciale seront délivrées par le général commandant le corps d'armée.

Elles ne pourront être données que pour des chevaux ayant atteint l'âge de sept ans (six ans pour les chevaux de pur sang) (1).

Réintégration et rétrocession

Les autorisations de rétrocession ou de réintégration seront également délivrées par les généraux commandants de corps d'armée.

Les chevaux ainsi rétrocédés ou réintégrés, provenant de la catégorie spéciale, seront versés à un corps détenteur de chevaux de cette catégorie.

Déclassement et réforme

Les chevaux proposés pour être déclassés ou réformés feront l'objet d'un état de notes détaillées et motivées; le commandant de corps d'armée statuera.

---

(1) Exception motivée pour donner aux officiers du service d'état-major des chevaux faits et bien confirmés dans leur dressage.

Remonte des officiers

Les chevaux âgés de dix ans au plus, encore susceptibles de faire un bon service, seront versés dans le rang. Les chevaux, déclassés comme impropres au service d'état-major pour défaut de caractère, difficultés de dressage, ou comme trop impressionnables, seront versés à l'École d'application de cavalerie; ils seront remplacés dans la catégorie spéciale par les soins de la remonte.

Les chevaux déclassés pour d'autres motifs pourront servir à la remonte des capitaines et des médecins des régiments d'infanterie.

Les chevaux déclassés par suite de fatigue et d'usure seront versés aux trains des équipages militaires ou aux équipages régimentaires d'infanterie.

Les chevaux réformés seront vendus dans la forme ordinaire.

Cas d'insuffisance de chevaux dans un corps d'armée

Lorsque, dans un corps d'armée, il n'y aura plus de chevaux disponibles pour la remonte des officiers d'état-major, il en sera rendu compte au ministre; dans les cas urgents, les officiers de ce corps d'armée pourront être autorisés à se remonter exceptionnellement parmi les chevaux disponibles de la catégorie spéciale d'un corps d'armée voisin.

Commission de remonte des corps détenteurs de chevaux de la catégorie spéciale

A la fin de chaque année, les chevaux de la catégorie spéciale, sur le point d'être mis en service, seront soumis à l'examen de la commission de remonte de corps qui, à cette occasion, sera complétée par le chef ou le sous-chef d'état-major du corps d'armée auquel appartiennent les chevaux, et par un officier du service d'état-major du même corps d'armée. Elle sera présidée par le chef de corps.

Cette commission s'assurera du degré de dressage des chevaux et établira, pour chaque cheval, une notice détaillée. Cette notice sera communiquée aux officiers qui demanderont à se remonter dans la catégorie spéciale.

Affectation des chevaux de la catégorie spéciale en cas de mobilisation

En cas de mobilisation, les chevaux de la catégorie spéciale, même ceux de cinq ans, dont le dressage et le développement seraient suffisamment avancés, seront versés au dépôt de remonte mobile du corps d'armée; ceux dont le développement et le dressage seraient insuffisants resteront au dépôt du corps.

Remonte des officiers d'état-major en dehors de la catégorie spéciale

Les officiers du service d'état-major conservent la faculté de se remonter comme les autres officiers en dehors de la catégorie.

Remonte des officiers

Ils pourront aussi faire acheter par l'État des chevaux provenant du commerce, dans les conditions déterminées par le règlement sur la remonte des officiers et assimilés de tous grades et de toutes armes.

ANNEXE No IV

PRIX DE CESSION OU DE RÉTROCESSION DES CHEVAUX

(Officiers généraux et services divers, troupes coloniales comprises)

CATÉGORIES DE CHEVAUX	Jusqu'à 9 ans	RÉDUCTION FAITE DE 1/8 PAR ANNÉE D'AGE				
		à 10 ans	à 11 ans	à 12 ans	à 13 ans	à 14 ans
	francs	francs	francs	francs	francs	francs
Cuirassiers	1.770	1.550	1.325	1.105	885	665
Officiers généraux, dragons, artillerie, génie, train des équipages militaires, gendarmerie et service d'état-major (intérieur)	1.500	1.310	1.125	940	750	560
Cavalerie légère . . Intérieur	1.350	1.180	1.010	845	675	505
Cavalerie légère . . Afrique	860	750	645	540	430	320
Chevaux arabes (castrés)	760	665	570	475	380	285

ANNEXE No V

MAXIMUM DES PRIX A ATTRIBUER AUX CHEVAUX PROVENANT DU COMMERCE QUE LES OFFICIERS DESTINENT A LEUR USAGE

Officiers généraux	Intérieur	1.500f
	Algérie et Tunisie (arabes)	860
	Algérie et Tunisie (pur sang anglais)	1.350

Officiers des corps de troupe à cheval

Cuirassiers		1.770f
Dragons, artillerie, génie, train des équipages		1.500
Cavalerie légère	Intérieur	1.350
	Algérie et Tunisie	860
	Algérie et Tunisie (pur sang anglais)	1.350

Officiers sans troupe et officiers des armes autres que celles à cheval

Intérieur	1re catégorie (spéciale)	1.500f
	2e catégorie (dragon et artillerie)	1.500
	3e catégorie (cavalerie légère)	1.350
	4e catégorie (arabes castrés)	760
Algérie et Tunisie	Chevaux arabes	860
	Chevaux arabes castrés	760
	Chevaux de pur sang anglais	1.350

REMONTE DE LA GENDARMERIE

Notification de modifications apportées à la circulaire du 14 novembre 1904 relative à la remonte des hommes de troupe de la gendarmerie en chevaux provenant des corps de troupe montés

(É. M., vol. 69[1]; *V.-M.*, p. 373) Paris, le 10 juin 1910.

IV — CONDITIONS DANS LESQUELLES..., ETC.

2e alinéa.

A modifier comme il suit :

« Tout gradé ou gendarme à cheval démonté ou sur le point de l'être peut (exception faite pour les nouveaux admis, auxquels les dispositions de la présente circulaire ne sont pas applicables) aller voir et essayer... » (Le reste sans changement).

3e et 4e alinéas.

Remplacer les mots : « frais de route », par : « frais de déplacement ».

Le 5e alinéa est supprimé et remplacé par le suivant :

« Les frais de transport en chemin de fer des chevaux livrés dans ces conditions sont à la charge de l'État, lorsque le trajet est supérieur à 60 kilomètres. »

V — PRIX DE CESSION

Ce paragraphe est supprimé et remplacé par le suivant :

« Le prix de cession est fixé invariablement à 180 francs par cheval, sans considération d'âge; ce prix est acquitté, intégralement et sans délai, au moment de la livraison, par la masse individuelle (1).

« En cas de mort ou de réforme de l'animal, pour quelque cause que ce soit, le détenteur reçoit une indemnité de perte ainsi calculée :

« On déduit du prix de cession (180 francs) autant de fois 15 francs que le cheval a de trimestres de service (le trimestre inachevé ne compte pas). Le prix de la vente du cheval, s'il s'agit d'une réforme, ou le produit de la vente de sa dépouille, déduction faite des frais d'abatage, si le cheval est mort ou a été abattu, est considéré comme un acompte sur l'indemnité due au militaire.

(1) La masse d'entretien et de remonte, n'ayant plus désormais à intervenir dans le paiement du prix de cession des chevaux, sera immédiatement remboursée, par la masse individuelle, des avances antérieurement faites par elle à cette masse et dont elle serait encore partiellement à découvert.

« L'indemnité de perte de cheval est supportée par la masse d'entretien et de remonte, qui fait recette, le cas échéant, de la différence entre le montant du prix de cession par l'État et le produit de la vente des chevaux réformés, si ce dernier est supérieur à 180 francs.

« La prime de conservation prévue à l'annexe n° 2 du règlement du 5 décembre 1902 sur l'administration et la comptabilité n'est jamais allouée aux détenteurs des chevaux d'âge livrés par les corps de troupe montés.

« Toutes les dépenses résultant de l'entretien de ces chevaux (ferrure, médicaments, etc.) restent à la charge des gradés et gendarmes détenteurs.

« Si un gradé ou gendarme remonté dans les conditions prévues par la présente circulaire est rayé des contrôles ou passe dans l'arme à pied, son cheval, s'il est apte au service de l'arme, est repris pour la remonte d'un autre militaire; à défaut de demande, il est attribué d'office au premier gendarme à remonter. Le prix de cession est fixé à l'amiable ou à dire d'experts, dans les conditions indiquées à l'article 144 du règlement du 5 décembre 1902; mais, en aucun cas, ce prix ne peut être supérieur à 180 francs, c'est-à-dire au prix de cession primitif.

« Tout cheval non repris par la commission de remonte est considéré comme réformé; il est vendu aux enchères par le ministère du commissaire-priseur.

« Aucune monture de la catégorie visée par la présente circulaire ne peut être emmenée par le détenteur dans la garde républicaine.

« En cas d'échange, l'estimation des deux montures, quelle que soit leur provenance, a lieu dans la forme indiquée à l'article 142 du règlement du 5 décembre 1902; mais, pour les chevaux déclassés, le prix d'estimation ne peut être supérieur à 180 francs. »

VI — Livraison des chevaux par les corps montés

Les deux premiers alinéas sans changement.

3e et 4e alinéas.

Ces alinéas sont supprimés et remplacés par le suivant :

« Ce procès-verbal est établi en quatre expéditions par le sous-intendant militaire chargé de la vérification et de la régularisation des comptes du corps livrancier, savoir :

« Une pour le corps livrancier;

« Une pour la légion qui reçoit le cheval;

« Une pour le ministre (bureau des remontes), accompagnée du récépissé de versement au Trésor;

« Une pour le sous-intendant militaire qui a procédé à la cession. »

Dernier alinéa sans changement.

Remonte de la gendarmerie

Circulaire portant modification à l'instruction sur la remonte de la gendarmerie en ce qui concerne le prix de cession des chevaux emmenés par les cavaliers des corps de troupe passant directement dans la gendarmerie

Document modifié : Instruction du 20 décembre 1897

(É. M., vol. 69 *quater; V.-M.*, p. 365) Paris, le 3 décembre 1910.

Les alinéas 2, 3 et 4 de l'article 15 de l'instruction du 20 décembre 1897 sur la remonte des hommes de troupe de la gendarmerie sont abrogés et remplacés par la rédaction suivante :

Ces chevaux sont cédés au prix de la nomenclature (chevaux de selle pour la troupe) du service de la remonte générale, en date du 20 décembre 1909, jusqu'au 31 décembre de l'année dans laquelle ils prennent neuf ans, c'est-à-dire lorsqu'ils ont neuf ans révolus.

A partir du 1er janvier de l'année dans laquelle ils prennent dix ans, le prix de cession est réduit, comme il est indiqué à l'article 34 de l'instruction du 24 juin 1910 par l'application du décret du 24 février sur la remonte des officiers.

MARÉCHALERIE

Circulaire modifiant l'article 12 de l'arrêté ministériel du 8 mars 1905 sur le recrutement des maîtres maréchaux ferrants et l'organisation de l'École de maréchalerie de Saumur

Document modifié : Arrêté ministériel du 8 mars 1905

(É. M., vol. 32[1]; *V.-M.*, p. 379) Paris, le 24 juillet 1910.

Le premier alinéa de l'article 12 de l'arrêté ministériel du 8 mars 1905 est modifié ainsi qu'il suit :

« Ces ouvriers maréchaux ferrants sont désignés par les chefs de corps sur l'avis du vétérinaire principal, directeur du ressort. »

Circulaire portant modification à l'article 12 de l'arrêté ministériel du 8 mars 1905 sur le recrutement des maîtres maréchaux ferrants

Document modifié : Arrêté ministériel du 8 mars 1905

(É. M., vol. 32[1]) Paris, le 4 janvier 1911.

Le deuxième alinéa de l'article 12 de l'arrêté ministériel du 8 mars 1905 sur le recrutement des maîtres maréchaux ferrants est remplacé par le suivant :

« Les régiments de cavalerie et d'artillerie, les groupes de batteries à cheval des divisions de cavalerie, les compagnies de cavaliers de remonte envoient un élève maréchal à l'École de Saumur, le 1er avril et le 1er octobre de chaque année à millésime impair pour les régiments, divisions et compagnies pourvus d'un numéro impair; le 1er avril et le 1er cotobre de chaque année à millésime pair, pour ces mêmes unités pourvues d'un numéro pair. »

Notification de modifications à la circulaire du 25 février 1908 relative au recrutement et à l'instruction des maréchaux ferrants des troupes non montées

(É. M., vol. 63; *V.-M.*, p. 387) Paris, le 29 avril 1910.

1° La circulaire du 25 février 1908 relative au recrutement et à l'instruction des maréchaux ferrants des troupes non montées est modifiée ainsi qu'il suit :

Page 388, 5e alinéa.

Au lieu de : « à la date du 25 décembre de chaque année. »
Lire : « à la date du 1er février de chaque année. »

2° Le tableau faisant ressortir l'état des ressources en maréchaux, annexé à la circulaire précitée, est remplacé par le tableau ci-joint.

TABLEAU

ÉTAT des ressources du e corps d'armée en maréchaux ferrants à la date du 10 novembre 19 .

CORPS ou fractions de corps de troupes montées	TOTAL réglementaire des maréchaux ferrants devant exister au corps (gradés et aides-maréchaux)	TOTAL des existants au corps avant l'incorporation du contingent annuel (gradés, aides, élèves)	JEUNES SOLDATS DU CONTINGENT incorporés comme ouvriers maréchaux				TOTAL des colonnes 3 et 7	COMPARAISON des colonnes 2 et 8		TOTAL des maréchaux libérés avant l'incorporation du prochain contingent	OBSERVATIONS
			Nombre des jeunes soldats incorporés	Complètement inaptes	Destinés à des corps non montés	Destinés à rester au corps		Ressources en élèves-maréchaux	Déficit		
1	2	3	4	5	6	7	8	9	10	11	12

A M. le Ministre de la guerre,
(Direction de la Cavalerie, Bureau de la Cavalerie.)

A , le 19 .
Le Général commandant le e corps d'armée,

Maréchalerie

Notification de modifications à la circulaire du 23 août 1908 relative au recrutement et à l'instruction des maréchaux ferrants des troupes d'infanterie coloniale

(É. M., vol. 63; B.-M., p. 390) Paris, le 23 avril 1910.

La circulaire du 23 août 1908 relative au recrutement et à l'instruction des maréchaux ferrants des troupes d'infanterie coloniale est modifiée ainsi qu'il suit :

7e et 8e lignes.

Au lieu de : « un stage de trois mois environ, du 10 octobre au 31 décembre de chaque année... »

Lire : « un stage de quatre mois environ, du 10 octobre au 1er février suivant... »

Circulaire portant modifications à l'instruction du 10 février 1908 sur le service courant

(É. M., vol. 74) Paris, le 6 juin 1910.

Les articles ... 124, ... de l'instruction sur le service courant sont supprimés et remplacés par les suivants :

Adjudants premiers maîtres maréchaux ferrants

« *Article 121.* — Sont proposés pour ces emplois les sous-officiers qui semblent le plus aptes à les remplir. Les nominations sont faites par le ministre.

. . . .

Listes de propositions à établir

« *Article 122.* — Les chefs de corps ou de service établissent, pour chaque grade ou emploi, une liste de propositions semblable à celle fournie pour l'avancement des officiers (Instr. 1er juill. 1901, mod. D). Ces listes sont fusionnées dans les corps d'armée, dans les conditions prévues par l'instruction du 1er juillet 1901 pour celles concernant l'avancement des officiers.

« Elles doivent parvenir au ministre (3e Direction; 1er bureau) le 20 novembre de chaque année.

« Les candidats sont inscrits sur ces listes par rang d'ancienneté de grade. L'ancienneté compte depuis la nomination au grade de sous-officier.

« Si aucune proposition n'est présentée pour un emploi, il est fourni une liste « *Néant* ».

« Les modifications qui pourraient se produire dans la situation des candidats sont signalées, sans retard au ministre sous le timbre de la 3e Direction, 1er bureau. Après la publication des tableaux d'avancement, il n'est signalé au ministre que les modifications qui se produisent dans la situation des candidats inscrits auxdits tableaux d'avancement.

« A l'appui des listes de propositions pour les candidats proposés est fourni un mémoire de propositions établi, pour chacun d'eux, par le chef de corps ou de service (mod. nº 42 de la présente instruction).

« Les notes données au candidat pendant l'année (extraites du carnet de notes) sont reproduites au verso du mémoire.

« Les mémoires de propositions des candidats au grade d'adjudant premier maître maréchal ferrant doivent porter l'avis du vétérinaire chef de service.

« *Les dates d'entrée au service et de nomination au grade de sous-officier* servent de base pour le classement des candidats. Elles ont donc la plus grande importance, et il est de toute nécessité de les vérifier avec le plus grand soin. MM. les chefs de corps et de service sont responsables de leur exactitude.

« Quand un candidat est l'objet de plusieurs propositions soit au titre de la présente instruction, soit au titre de l'instruction du 1er juillet 1901, il n'est établi pour lui qu'une seule feuille de notes ou mémoire de propositions, qui est annexé à la proposition faite au titre du service courant.

Circulaire portant modifications à la description des uniformes des officiers, fonctionnaires et employés militaires

(É. M., vol. 104) Paris, le 11 novembre 1910.

Adjudants maréchaux ferrants des corps de troupe de l'artillerie

Art. 900 *bis*. — « Les adjudants maréchaux ferrants des corps de troupe de l'artillerie portent, comme marques distinctives de leur emploi, sur la manche gauche, à égale distance du coude et de l'emmanchure, un fer à cheval brodé en fil d'argent avec gros cordonnet en or sur son contour et clous également en or.

« Cet attribut est placé sur un écusson en drap fin bleu foncé.

« Les dimensions de cet attribut, sont celles prévues à l'article 206 (*B. O.*, É. M., vol. nº 105[1]). »

CASERNEMENT — MATÉRIEL

Circulaire relative aux cantines d'ambulance vétérinaire garnies et complètes

(*B. O.*, P. S., p. 260) Paris, le 9 mars 1910.

La nouvelle nomenclature L, du service de la remonte générale, qui a été mise en application le 1er janvier 1910, a subdivisé (chap. I, Unités collectives) les cantines d'ambulance vétérinaire en cantines *complètes* et en cantines *garnies.*

Les cantines d'ambulance vétérinaire ne peuvent figurer dans les comptes de gestion sous la rubrique *Cantines d'ambulance vétérinaire complètes* qu'autant que les médicaments et objets de pansement qu'elles renferment appartiennent à l'État.

Actuellement, les cantines détenues par les corps sont bien complètes, mais les médicaments et objets de pansement qui les garnissent ont été payés et sont entretenus sur les fonds des masses.

Jusqu'à ce que des dispositions aient pu être prises pour le remboursement à ces masses de la valeur desdits médicaments et objets de pansement, ces cantines continueront à figurer dans les comptes sous la rubrique *Cantines garnies.*

Les cantines détenues par certains établissements pour des formations éventuelles doivent être, en tout temps, pourvues aux frais de l'État des médicaments et objets de pansement réglementaires. Elles doivent, en conséquence, figurer dans les comptes comme *Cantines complètes.*

La réforme d'une cantine ne pouvant jamais entraîner la réforme des médicaments et objets de pansement, dont le renouvellement et le bon état d'entretien sont assurés à la diligence du directeur du ressort vétérinaire, par roulement avec les approvisionnements des corps de troupe, il en résulte qu'aucune cantine d'ambulance vétérinaire *complète* ne peut être demandée à titre de remplacement au magasin central du service de santé.

D'autre part, une cantine d'ambulance vétérinaire proposée pour la réforme peut contenir du matériel susceptible d'être maintenu en service; dans ce cas, la réforme est limitée aux objets ou matériel hors d'usage et la demande de remplacement ne doit comprendre que le matériel réformé.

Matériel

Les cantines d'ambulance vétérinaire *complètes* ne peuvent être demandées qu'autant qu'elles sont destinées à assurer des besoins nouveaux résultant de la création d'unités ou de formation de réserve.

Circulaire relative à l'emploi du gaz dans les infirmeries régimentaires et vétérinaires pour la préparation des médicaments, boissons hygiéniques, etc.

(É. M., vol. 5) Paris, le 20 avril 1910.

Le tarif nº 4 annexé au décret du 8 février 1907 (É. M., vol. nº 5, p. 69) fixe les allocations de combustibles accordées pour la préparation des médicaments, des boissons hygiéniques, etc., dans les infirmeries régimentaires et vétérinaires. D'autre part, l'annexe I à l'instruction du 8 février 1907 (vol. nº 5, p. 201 et 202) autorise les corps de troupe à faire l'acquisition, sur les fonds de leur masse de chauffage, des réchauds à gaz et des fourneaux dont ils peuvent avoir besoin.

Or, des doutes se sont manifestés sur la question de savoir s'il pouvait être fait usage de gaz, aux lieu et place de charbon ou de bois, pour le chauffage des fourneaux utilisés pour ces préparations.

La question doit être résolue par l'affirmative.

Toutefois, il demeure expressément entendu que l'emploi du gaz dans ces conditions est facultatif et que, quel que soit le mode de chauffage employé, les corps de troupe doivent se créditer uniquement de l'indemnité afférente aux prestations de charbon ou de bois auxquelles leur donne droit le tarif nº 4 précité.

Circulaire relative aux couvertures et surfaix hors de service nécessaires aux corps de troupe du génie pour les besoins des infirmeries vétérinaires

(É. M., vol. 6 *ter*) Paris, le 6 décembre 1910.

D'après les dispositions de l'article 38 de l'instruction du 5 août 1903 sur le service du harnachement dans les corps de troupe du génie, ces corps doivent verser, au moment du remplacement annuel des effets de harnachement de réserve, un nombre d'effets fatigués égal à celui des effets en bon état de conservation qu'ils reçoivent, en exécution de l'article 37 de la même instruction.

Par dérogation à ces dispositions, les corps de troupe précités pourront être autorisés, tous les ans et sur leur demande, à conserver un certain nombre de couvertures et de surfaix hors de service qui seront mis à la disposition des infirmeries vétérinaires pour leurs propres besoins.

Les demandes que les corps de troupe du génie formuleront à cet effet seront adressées à l'administration centrale, sous le timbre de la Direction du génie; 2e bureau; 5e section, et seront accompagnées des justifications nécessaires.

Circulaire relative à l'emploi de chaînes d'attache pour le pansage des chevaux à l'extérieur des écuries

(É. M., vol. 51) Paris, le 10 décembre 1910.

Les expériences poursuivies depuis plusieurs années, dans différents corps de troupe, sur l'emploi de chaînes d'attache métalliques pour le pansage des chevaux hors des écuries, ont permis de constater les avantages du système.

L'usage de ce mode d'attache devra, en conséquence, être généralisé.

Les chaînes seront d'un type analogue au modèle représenté par le dessin annexé à la présente circulaire. Pour la longueur de la chaîne, on devra s'en tenir aux dimensions portées sur ce dessin; pour les épaisseurs de métal, on ne devra pas descendre au-dessous des dimensions indiquées.

Les chaînes seront fixées aux murs au moyen d'anneaux scellés et de mailles ouvrant à froid. On ne devra pas faire usage de glissières. Le métal (fer ou acier doux) ne sera ni étamé, ni galvanisé.

L'installation de ces chaînes devra être terminée dans un délai de deux ans à dater du 1er janvier 1911.

Les frais d'achat et de première installation seront supportés par le budget du génie. Les frais d'entretien et de remplacement seront au compte de la masse de harnachement.

Circulaire relative à l'emploi dans l'armée d'une entrave double de jarrets pour chevaux frappeurs

(É. M., vol. 54 *bis*) Paris, le 23 mars 1910.

L'entrave double pour chevaux frappeurs, réglementée par la circulaire du 8 juin 1904, est spécialement destinée à être placée aux paturons.

Matériel

Les corps de troupe à cheval sont autorisés à confectionner, *avec du vieux cuir*, des *entraves doubles de jarrets* d'après les indications suivantes :

ENTRAVE DOUBLE DE JARRETS POUR CHEVAUX FRAPPEURS

L'entrave double de jarrets se compose de deux *entraves* réunies par une *courroie*, qui peut s'allonger ou se raccourcir à volonté.

Chacune de ces entraves est formée de :

Un feutre (de 0^m 018 d'épaisseur);

Un blanchet (cuir fauve demi-nourri de 0^m 004 d'épaisseur).

Le blanchet est réuni au feutre par deux coutures parallèles placées à 0^m 004 des bords; il est replié à l'une de ses extrémités sur une longueur de 0^m 060 et paré pour former l'enchapure de la boucle; l'autre extrémité est percée de quatre trous, le premier à 0^m 060, le dernier à 0^m 145 de l'extrémité;

Un passant fixe (cuir fauve demi-nourri de 0^m 003 d'épaisseur) cousu dans l'enchapure du blanchet à 0^m 020 de l'extrémité du pli;

Une enchapure de dé (cuir fauve demi-nourri de 0^m 004 à 0^m 005 d'épaisseur) fixée sur le blanchet par la couture qui réunit celui-ci au feutre;

Un dé demi-rond de 32×25 (en fil de fer étamé de 0^m 005) réuni au blanchet par l'enchapure indiquée ci-dessus;

Une boucle étamée à rouleau (de 32×25) enchapée à l'extrémité du blanchet;

Une *courroie avec boucle formant alliance* (cuir fauve demi-nourri de 0^m 004 à 0^m 005 d'épaisseur). La courroie est formée d'une bande de cuir de 0^m 850 développée.

Une des extrémités est repliée sur une longueur de 0^m 060 et rabattue chair contre chair pour former enchapure de boucle; elle est, en outre, fixée par deux coutures placées à 0^m 004 des bords;

Un passant fixe (cuir fauve demi-nourri de 0^m 003 d'épaisseur) cousu dans l'enchapure de la boucle, à 0^m 020 de l'extrémité de la courroie;

Une boucle étamée à rouleau (de 32×25) enchapée à l'une des extrémités de la courroie.

L'autre extrémité de la courroie est percée de six trous enlevés à l'emporte-pièce, le premier trou à 0^m 030 et le dernier à 0^m 200 de l'extrémité de la courroie.

TARIF N° 1

Tarif donnant, à titre de simple indication, le détail du prix de revient (main-d'œuvre comprise) de l'entrave de jarret pour chevaux frappeurs dans le cas où il ne serait fait emploi que de matières neuves

DÉSIGNATION des objets	DÉTAIL DES DIFFÉRENTES PARTIES	PRIX de chaque partie	OBSERVATIONS
Entrave double de jarret.	Courroie avec boucle formant alliance.	1f 00	
	Deux blanchets	1 10	
	Deux enchapures de dé.	0 30	
	Deux passants fixes	0 10	
	Deux dés demi-ronds de 0m 032 × 0m 025	0 10	
	Trois boucles à rouleau en fil de fer étamé 0m 032 × 0m 025.	0 15	
	Deux feutres.	0 60	
	TOTAL.	3f 35	

TARIF N° 2

Tarif applicable pour le cas prévu de la circulaire du 23 mars 1910, où le vieux cuir doit être utilisé pour la confection de l'entrave

DÉSIGNATION des objets	DÉTAIL DES DIFFÉRENTES PARTIES	PRIX de chaque partie	OBSERVATIONS
Entrave double de jarret.	Deux feutres.	0f 60	
	Trois boucles	0 15	
	Deux dés demi-ronds en fil de fer étamé.	0 10	
	Fil et main-d'œuvre	0 25	
	TOTAL.	1f 10	

INSPECTION DES VIANDES

Circulaire relative au poids moyen des animaux de boucherie à admettre pour les fournitures de viande fraîche à faire aux corps de troupe

Document modifié : Instruction du 22 avril 1908

(É. M., vol. 7; *V.-M.*, p. 543) **Paris, le 10 février 1911.**

Le renvoi 3 de l'article 3 du cahier des charges modèle A (fourniture de la viande de boucherie en bêtes entières, demi-bêtes ou quartiers), et le renvoi 1 de l'article 3 du cahier des charges modèle B (fourniture de la viande de boucherie en morceaux débités), ainsi libellés : « Le poids sera déterminé d'après le poids moyen des animaux abattus dans la région », seront complétés ainsi qu'il suit :

En matière de poids-limite, une certaine tolérance pourra être admise, notamment en ce qui regarde la race du pays, lorsque les animaux seront en bon état de graisse et de chair et présenteront une fine ossature.

Les mentions nécessaires seront en conséquence portées, s'il y a lieu, au cahier des charges.

C'est ainsi que, dans les régions où il existe notoirement une race bovine de petite taille, il convient de déterminer le poids moyen des animaux abattus en établissant, d'une part, le poids moyen des animaux abattus appartenant à la race locale et, d'autre part, le poids moyen des animaux abattus appartenant au bétail importé.

A Lorient, par exemple, où l'on consomme à la fois des animaux de race bretonne et du bétail importé, on aura soin de spécifier au cahier des charges deux séries de poids minima :

L'une applicable aux animaux de la race du pays (par exemple, 300 kilos pour le bœuf, 350 kilos pour le taureau, 250 kilos pour la vache);

L'autre applicable au bétail plus gros venant de l'extérieur (par exemple, 550 kilos pour le bœuf, 600 kilos pour le taureau, 400 kilos pour la vache).

Circulaire autorisant l'usage de la viande de veau dans les infirmeries, mess et cantines

(É. M., vol. 7) Paris, le 29 juillet 1910.

La consommation de la viande de veau, dont l'usage est déjà admis dans les hôpitaux militaires (Instr. 16 mai 1908), est également autorisée dans les infirmeries (1), les mess et les cantines.

Circulaire autorisant l'achat, par les corps de troupe, de divers ouvrages concernant les animaux et la viande de boucherie

(*B. O.*, P. S., p. 1360) Paris, le 30 décembre 1910.

Les corps de troupe qui n'ont pas les tableaux Aureggio, ou qui auraient besoin de les remplacer, sont autorisés à acheter, sur les fonds de la masse d'habillement, l'un des trois ouvrages ci-après désignés :

Animaux et viandes de boucherie, par L. Villain, vétérinaire délégué du service sanitaire de Paris. Prix de l'ouvrage : 3 francs (L. Fournier, éditeur militaire, 264, boulevard Saint-Germain, à Paris).

Des fraudes dans l'armée et le commerce du bétail, par M. Raynal, vétérinaire militaire, officier acheteur de la boucherie militaire de Toul. Prix de l'ouvrage : 2 francs (Henri Charles-Lavauzelle, éditeur militaire, 10, rue Danton, à Paris).

L'Examen des viandes, par M. H. Martel, docteur ès sciences, chef du service vétérinaire sanitaire à Paris. Prix de l'ouvrage : 7f 50 (Dunod et Pierrat, éditeurs, quai des Grands-Augustins, 49, à Paris).

Fabriques de conserves de viande

Circulaire prescrivant d'indiquer, avant la mise en route, aux officiers déplacés temporairement, la durée approximative du séjour dans la localité où ils doivent se rendre

(*B. O.*, P. S., p. 340) Paris, le 4 avril 1910.

En vue de sauvegarder à la fois les intérêts du Trésor et ceux des officiers déplacés temporairement, il y a lieu d'indiquer aux intéressés,

(1) Notice du 20 juillet 1908 pour la fourniture de la viande de veau (*V.-M.*, p. 553).

avant leur mise en route, toutes les fois qu'il est possible, la durée exacte, ou au moins approximative, du séjour dans la localité où ils doivent se rendre.

Cette disposition concerne, notamment, les officiers d'administration et les vétérinaires déplacés d'un corps d'armée dans un autre pour la surveillance de la fabrication des conserves de viande; il appartient aux généraux commandant les corps d'armée où sont situées les usines de fournir, en temps utile, aux généraux commandant les corps d'armée auxquels les intéressés appartiennent, tous renseignements nécessaires sur la durée de la fabrication, et, par suite, sur la durée de la présence des officiers.

RÉQUISITIONS MILITAIRES

Décret modifiant le décret du 2 août 1877 portant règlement d'administration publique pour l'exécution de la loi sur les réquisitions militaires

(É. M., vol. 70; *V.-M.*, p. 759) Paris, le 28 juin 1910.

DÉCRET

Le Président de la République française,
Sur le rapport du ministre de la guerre;
Vu. . . . .

Décrète :

Art. 1. — Les articles 74, 75 et 78 du décret du 2 août 1877 sont remplacés ainsi qu'il suit :

« *Article 74.* — Tous les ans, au commencement de décembre, le maire fait publier un avertissement adressé à tous les propriétaires de chevaux ou mulets qui se trouvent dans la commune, *quelle que soit la nationalité de ces propriétaires,* pour les informer qu'ils doivent se présenter à la mairie, avant le 1er janvier, et faire la déclaration de tous les chevaux, juments, mulets ou mules qui sont en leur possession, en indiquant l'âge de ces animaux. »

« *Article 75.* — Du 1er au 16 janvier de chaque année, le maire dresse la liste de recensement des chevaux, juments, mulets et mules, prescrite par l'article 37 de la loi sur les réquisitions militaires.

« La liste mentionne tous les animaux déclarés, avec leur signalement, le nom et le domicile de leur propriétaire, sauf les exceptions ci-après :

« 1° Les chevaux et juments qui n'ont pas atteint l'âge de quatre ans au 1er janvier;

« 2° Les mulets et les mules qui n'ont pas atteint l'âge de deux ans au 1er janvier;

« 3° Les chevaux, juments, mules ou mulets qui sont reconnus être déjà inscrits dans une autre commune;

« 4° Les animaux qui sont reconnus avoir déjà été réformés par une commission de classement en raison de tares, de mauvaise conformation ou d'autres motifs qui les rendent impropres au service de l'armée;

« 5° Les chevaux, juments, mulets et mules qui sont reconnus avoir été refusés conditionnellement par une commission de classement, pour défaut de taille, à moins que les conditions de taille n'aient été modifiées depuis ce refus;

« 6° Les animaux appartenant aux agents non Français, du service diplomatique étranger accrédités en France;

« 7° Les animaux que possèdent dans le lieu de leur résidence officielle les agents du service consulaire étranger, nationaux des pays qui les nomment, à condition que ces pays usent de réciprocité envers la France.

« Les agents du service consulaire étranger ci-dessus mentionnés restent soumis au droit commun pour les animaux affectés soit à l'exploitation des biens qu'ils détiennent à titre de propriétaire, d'usufruitier ou de locataire, soit à l'exercice d'une profession commerciale ou industrielle. »

« *Article 78.* — Tous les trois ans, dans les conditions et aux époques indiquées pour le recensement des chevaux et mulets, le maire fait la liste de recensement des voitures attelées ou destinées à être attelées de chevaux ou mulets, autres que celles qui sont exclusivement affectées au transport des personnes.

« Le recensement ne comprend pas les voitures des agents diplomatiques visés à l'alinéa 6° de l'article 75, mais il comprend celles qui appartiennent aux agents du service consulaire étranger, dans les conditions spécifiées pour le recensement des animaux, à l'alinéa 7° dudit article.

« Le ministre de la guerre avertit les préfets deux mois avant le 1er janvier de l'année où doit se faire ce recensement.

« Le préfet avertit le maire au moins six semaines avant le commencement de cette même année. »

Circulaire portant modifications aux instructions permanentes relatives au recensement et au classement des animaux et des voitures

Documents modifiés : Instructions des 10 juin et 10 décembre 1908

(É. M., vol. 70 *bis; V.-M.*, p. 789) Paris, le 28 octobre 1910.

En conséquence du décret du 28 juin 1910, qui a modifié le décret du 2 août 1877 portant règlement pour l'exécution de la loi sur les réquisitions militaires, les instructions permanentes concernant le recensement et le classement des animaux et des voitures, sont modifiées ainsi qu'il suit :

Recensement, page 789, 2e alinéa. — Après « propriétaires... », ajouter « quelle que soit leur nationalité ».

Page 790, article 75 du décret du 2 août 1877.

Les six premiers alinéas sont remplacés par les suivants :

« Sont seules dispensées du recensement les personnes ci-après désignées :

« 1° Les agents non Français du service diplomatique étranger, accrédités en France;

« 2° Les agents du service consulaire étranger, nationaux des pays qui les nomment, à condition que ces pays usent de réciprocité envers la France (1).

« Les agents du service consulaire étranger ci-dessus mentionnés restent soumis au droit commun pour les animaux affectés soit à l'exploitation des biens qu'ils détiennent à titre de propriétaire, d'usufruitier ou de locataire, soit à l'exercice d'une profession commerciale ou industrielle. »

Circulaire relative à l'interprétation à donner au décret du 28 juin 1910, en ce qui concerne l'âge des animaux pour les opérations de recensement des chevaux, juments, mulets et mules susceptibles d'être requis en cas de mobilisation

(É. M., vol. 70) Paris, le 15 décembre 1910.

Le décret du 28 juin 1910 relatif aux réquisitions militaires spécifie que la liste de recensement doit mentionner tous les animaux déclarés, à l'exception des chevaux et des juments qui n'ont pas atteint l'âge de quatre ans au 1er janvier, et des mulets et des mules qui n'ont pas atteint l'âge de deux ans à la même date.

La question a été posée de savoir si ces dispositions ne sont pas en contradiction avec celles de l'article 37 de la loi du 3 juillet 1877, modifiée par la loi du 27 mars 1906, qui fixent respectivement à cinq ans et à trois ans les âges d'inscription sur la liste de recensement des deux catégories d'animaux précitées.

Le texte du décret du 28 juin 1910 prête, en effet, à ambiguïté parce qu'il envisage l'âge réellement atteint par les chevaux ou mulets le 1er janvier, sans tenir compte de la convention légale (L. 3 juill. 1877, art. 37) d'après laquelle l'âge des chevaux se compte à partir du 1er janvier de l'année de la naissance.

Il y a lieu, par suite, de lui donner l'interprétation suivante :

« La liste de recensement doit mentionner tous les animaux déclarés, à l'exception :

« 1° Des chevaux et juments qui n'ont pas atteint effectivement l'âge

(1) Jusqu'à nouvel ordre, cette disposition doit être appliquée, abstraction faite de toute condition de réciprocité.

de quatre ans avant le 1er janvier, c'est-à-dire ceux qui n'auront pas pu prendre légalement cinq ans le 1er janvier;

« 2° Les mulets et mules qui n'ont pas atteint effectivement l'âge de deux ans avant le 1er janvier, c'est-à-dire ceux qui n'auront pas pu prendre légalement trois ans le 1er janvier;

« 3° Etc. » Le reste sans changement.

La présente circulaire tiendra lieu de notification aux autorités civiles et militaires qu'elle concerne.

Circulaire modifiant l'instruction du 10 juin 1908 sur le classement des chevaux

(É. M., vol. 70 *bis; V.-M.*, p. 795) Paris, le 11 avril 1910.

L'instruction du 10 juin 1908 est modifiée ainsi qu'il suit :

Compléter le paragraphe 5 de l'article 8 par les dispositions ci-après :

« Toutefois, les officiers du service éventuel des remontes (réquisitions) pourront être convoqués dans leur région d'affectation, quand bien même ils n'y seraient pas domiciliés. »

ART. 21.

Supprimer le paragraphe 3.

ART. 22.

Supprimer la dernière partie de l'alinéa à partir de... sauf celle attribuée.

Instructions complémentaires pour le classement, en 1911, des chevaux, juments, mulets et mules

Documents abrogés : Instructions complémentaires du 1er mars 1910

(*B. O.*, P. S., p. 161; *V.-M.* S[1], p. 115) Paris, le 13 mars 1911.

Les opérations du classement des animaux de réquisition seront effectuées, en 1911, dans les conditions prévues par l'instruction permanente du 10 juin 1908 (É. M., vol. n° 70 *bis*), sauf les modifications suivantes :

1° La liste des communes où le classement n'a lieu que tous les deux ans (Instruction permanente du 10 juin 1908 sur le classement des chevaux, art. 1) sera revisée dans chaque corps d'armée et augmentée conformément aux propositions qui ont été approuvées le 3 février 1910 par l'État-major de l'armée.

2° Dans tous les corps d'armée, la moitié des commissions de classement ne comprendra que l'officier président, à l'exclusion du vétérinaire (1), et un membre civil.

Cet officier appartiendra à une arme montée de l'armée active, de la réserve ou de l'armée territoriale. Il sera choisi parmi ceux qui, ayant déjà effectué le classement, ont fait preuve d'aptitudes spéciales pour ces opérations.

L'autre moitié des commissions aura la composition normale prévue à l'article 5 de l'instruction permanente du 10 juin 1908 précitée, c'est-à-dire un officier président, un vétérinaire et un membre civil.

Ces dispositions abrogent celle prévue audit article 5, attribuant à chaque corps d'armée la présidence de cinq commissions de classement à des vétérinaires, à l'exclusion de l'officier.

Les commandants de corps d'armée sont autorisés, dans la limite des crédits qui leur sont accordés, à adjoindre, à titre supplémentaire, aux commissions de classement des officiers de complément appartenant au service éventuel des remontes et réquisitions ou ayant à la mobilisation un emploi temporaire dans ce service.

La durée de la convocation pourra varier d'un à huit jours; elle sera déduite, à titre de période fractionnaire, de la période d'instruction imposée à l'officier intéressé.

Ce dernier aura droit aux indemnités fixées par l'article 13 de l'instruction permanente sur le classement.

Cette disposition a essentiellement pour but de permettre aux officiers nouvellement nommés à un emploi de service des remontes et réquisitions, d'acquérir ou de compléter les connaissances pratiques indispensables aux présidents de commissions de réquisition et de les préparer éventuellement à remplir les fonctions de président de commission de classement.

Il sera rendu compte, dans le rapport d'ensemble (Instruction, art. 41), du nombre des officiers qui auront été convoqués, de la durée de leur convocation et des avantages ou inconvénients présentés par la mesure en question.

3° L'indemnité journalière de 2f 50 pour location de voitures et harnais attribuée à chaque commission de classement est portée à 3 francs (2).

---

(1) L'attention de MM. les préfets est appelée tout particulièrement sur l'importance qu'il y a à ce que, dans les commissions qui ne comprendront pas de vétérinaire, le membre civil soit sélectionné avec le plus grand soin parmi les idoines aptes à remplir une mission de cette nature.

(2) La question relative au relèvement de l'indemnité journalière allouée aux brigadiers, caporaux, secrétaires des commissions, aux cavaliers conducteurs, ainsi qu'aux militaires de la gendarmerie employés aux opérations du classement est présentement à l'étude.

La décision présidentielle modifiant le décret du 12 juin 1908 sur les frais de déplacement que comporte ce relèvement d'indemnité, sera notifiée ultérieurement, s'il y a lieu, par la voie du *Bulletin officiel*. Elle ne devra donner lieu à aucune augmentation de crédits.

Les commandants de corps d'armée devront donc tenir compte, dans l'emploi du crédit qui leur sera alloué, du nouveau taux de cette indemnité, qui serait portée de 2f 50 à 3 francs.

Il demeure bien entendu que cette majoration d'indemnité ne donnera lieu à aucune augmentation de crédits. La dépense qui en résultera sera prélevée sur la somme globale allouée à chaque région de corps d'armée, en vue des opérations du classement.

4° La latitude accordée en 1910 de ne pas présenter les chevaux entiers devant les commissions de classement est maintenue pour 1911.

Cette présentation n'aura lieu qu'exceptionnellement dans les localités où les gouverneurs militaires ou commandants de corps d'armée jugeront la mesure nécessaire.

Sont également dispensés de la présentation aux commissions de classement :

1° Les chevaux de halage ayant reçu le certificat prévu par la dépêche ministérielle du 1er mai 1891, n° 2332 (État-major de l'armée; 1er bureau);

2° Les chevaux des mines ayant reçu le certificat prévu par la dépêche ministérielle du 23 juillet 1896, n° 1520 (État-major de l'armée; 1er bureau).

Il est bien entendu, toutefois, que ces animaux ne sont exemptés ni de la déclaration de recensement, ni de la réquisition dans les limites indiquées par les dépêches précitées.

Circulaire relative à l'instruction des affaires d'accidents de personnes ou d'animaux et de dégâts matériels

(Extraits)

(É. M., vol. 58) Paris, le 8 juillet 1910.

Les demandes d'indemnités de plus en plus nombreuses présentées à l'administration de la guerre, à l'occasion de dégâts matériels et d'accidents survenus à des personnes ou à des animaux, du fait de militaires accomplissant un service commandé ou exécutant des exercices, de même que les recours à exercer par l'État vis-à-vis des tiers, pour des accidents à des militaires, à des chevaux de l'armée, ou pour des dégâts à du matériel, ne peuvent souvent recevoir une solution qu'après un échange de correspondances ayant pour objet la production de renseignements complémentaires ou de pièces justificatives qui auraient pu être recueillies dans l'instruction initiale des affaires.

. . . .

Pour éviter des pertes de temps et le surcroît d'écritures que comportent ces correspondances et aussi pour faciliter les opérations d'instruction des affaires de l'espèce, le sous-secrétaire d'État a arrêté les dispositions suivantes concernant :

1° et 2°. . . . .

3° Les accidents causés à des animaux appartenant à des personnes étrangères à l'armée par des militaires ou des animaux de l'armée;

4° Les accidents causés à des chevaux et mulets de l'armée par des personnes étrangères à l'armée ou par des animaux appartenant à celles-ci;

5°, 6°, 7°, 8°. . . . .

III — Accidents causés a des animaux appartenant a des tiers

Ces accidents peuvent se diviser en trois catégories :

a) *Animaux n'ayant subi qu'une indisponibilité temporaire*

Dans ce cas, l'indemnité à allouer comprend les frais de traitement et de nourriture de l'animal pendant sa maladie. De plus, si le propriétaire, en raison de sa profession ou pour la satisfaction de ses besoins, a été obligé de louer un animal de remplacement, le prix de location peut lui être remboursé, mais dans ce cas, il ne doit être tenu compte de la valeur de la nourriture que si celle-ci n'est pas fournie par le loueur.

Dans l'examen des requêtes, on ne tiendra compte que de ceux de ces articles qui auront été mentionnés par le requérant.

Autant que possible, un vétérinaire militaire sera appelé à examiner l'animal en fin de traitement, afin de constater la durée de l'indisponibilité.

A défaut de cet examen, une enquête de gendarmerie fera ressortir la durée réelle de l'indisponibilité de l'animal, le prix moyen de location d'un animal de remplacement et le prix moyen de sa nourriture dans la localité.

Un vétérinaire militaire sera appelé à viser les notes de vétérinaire civil et de pharmacien et à exprimer son avis sur la durée de l'indisponibilité, d'après les certificats originels établis lors de l'accident, en conformité de la circulaire du 4 novembre 1897 (*V.-M.*, p. 830).

b) *Accidents ayant occasionné une dépréciation*

Lorsque après guérison un accident aura laissé subsister une cause de dépréciation, l'animal sera toujours visité par un vétérinaire militaire et, s'il est possible sans difficulté, contre-visité par un second vétérinaire militaire lorsque l'indemnité demandée dépassera 200 francs.

L'enquête de la gendarmerie fera ressortir, en outre des renseignements visés au paragraphe précédent, la valeur de l'animal avant l'accident, son prix d'achat à la date du   et son âge, d'après les pièces que pourrait produire le propriétaire, ou d'après les dires des personnes susceptibles de fournir des renseignements.

La valeur de la dépréciation s'ajoutera, pour la détermination de l'indemnité, aux dépenses qui eussent été admises en vertu des règles du paragraphe précédent.

c) *Accidents mortels*

En cas d'accidents mortels, l'État ne doit que le prix de l'animal, déduction faite de la valeur de la dépouille.

S'il s'agit d'un bœuf ou d'un mouton tués net, l'indemnité à proposer sera en général peu importante, car la valeur marchande de boucherie d'un animal tué accidentellement ne paraît pas devoir différer beaucoup du prix d'un animal tué en abattoir, tous deux étant également propres à la boucherie.

Il conviendra cependant de tenir compte de la valeur intégrale, lorsque l'intéressé n'aura pu trouver à vendre l'animal.

Si l'animal n'a pas reçu une blessure manifestement mortelle et a été conservé pour être l'objet d'un traitement vétérinaire, cet animal devra être suivi par un vétérinaire militaire à intervalles de quinzaine.

Le vétérinaire fera connaître le moment où le traitement lui paraîtra devenu sans espoir et le commandant d'armes avisera de la situation le propriétaire en ajoutant que si le principe de la responsabilité de l'État est admis, le décompte des frais d'entretien et de traitement de l'animal sera arrêté au jour de la notification de l'avis d'incurabilité.

Le vétérinaire militaire émettra un avis sur la valeur de l'animal avant l'accident; le propriétaire sera invité à indiquer le prix d'achat et à en fournir la preuve.

Les notes de vétérinaire et de pharmacien lui seront également soumises pour visa et observations s'il y a lieu.

Une enquête de gendarmerie fournira des renseignements sur le prix de nourriture et de location dans la région d'un animal de remplacement (cheval, mulet, âne, bœuf de labour).

Lorsque l'animal n'aura pu être visité par un vétérinaire militaire, la gendarmerie aura à rechercher le prix d'un animal de même race, de même taille et de même âge, sur les marchés de la localité; le vétérinaire militaire donnera son avis sur ce prix comme sur la durée du traitement appliqué, et les frais divers de ce traitement.

Les moutons et les chèvres ne doivent, en principe, être l'objet de soins vétérinaires que s'il s'agit de blessures sans gravité.

IV — Accidents causés a des chevaux et mulets de l'armée

Le dossier de l'enquête ouverte au sujet des accidents survenus à des cavaliers et à leurs montures ou à des animaux de trait par suite de l'imprudence d'automobilistes, de vélocipédistes, de charretiers, de piétons, par suite de l'irruption d'animaux, dans les jambes des chevaux, de chiens, bœufs, cochons, etc., par suite d'accidents de chemin de fer et de transport par bateaux, est complété par un second rapport du vétérinaire décrivant l'état de l'animal en fin de traitement et faisant ressortir :

1° La durée du traitement;

2° Le coût des médicaments et objets de pansement employés au traitement;

3° L'estimation de la dépréciation de la valeur marchande de l'animal, s'il y a dépréciation;

4° L'estimation de la valeur marchande de l'animal avant l'accident, si l'abatage a été décidé.

A ce rapport, le conseil d'administration du corps joindra :

1° Un état décompté des frais de nourriture de l'animal pendant la durée du traitement à l'infirmerie;

2° Un état décompté des médicaments et objets de pansement;

3° Un état décompté des dégradations du harnachement ou de la sellerie de l'animal blessé;

4° Un état indiquant le prix tiré de la dépouille;

5° Un extrait de la délibération du conseil d'administration sur la valeur marchande de l'animal, c'est-à-dire sur le prix qui aurait pu en être tiré dans le commerce.

Dans le cas où, par suite de tares résultant des blessures, l'animal aurait été réformé et non abattu, le prix réalisé aux enchères sera indiqué.

SERVICE AUX ARMÉES EN CAMPAGNE

Inspection des viandes en campagne

Notification d'une modification à l'annexe n° 7 de l'instruction du 23 janvier 1910 sur le service de l'approvisionnement dans les corps de troupe et services

(É. M., vol. 95; *V.-M.*, p. 913 *in fine*) Paris, le 30 avril 1910.

CHARCUTERIE

« Suivant les circonstances et les ressources du pays, on peut être amené à faire entrer la charcuterie dans l'alimentation des troupes.

« Toutefois, on ne doit pas perdre de vue que la préparation de certains produits, tels que saucisses, boudins, chipolatas, andouillettes, etc., comporte des manipulations qui peuvent se prêter à l'addition frauduleuse des matières altérées, nocives, ou simplement dépourvues de valeur nutritive; aussi, doit-on exclure ces produits de l'alimentation, à moins d'avoir la certitude que la qualité des matières premières et les procédés de préparation ne peuvent être suspectés.

« Cette interdiction, absolue en temps de paix, n'est pas maintenue pour le temps de guerre. Néanmoins, on devra s'abstenir, autant que possible, de faire consommer aux hommes de la charcuterie non cuite et des préparations au sang. En outre, les produits de charcuterie devront toujours être, au point de vue de la qualité, soumis à un contrôle sévère, de la part des commandants d'unité et des officiers d'approvisionnement. En cas de doute, on consultera le vétérinaire ou le médecin. »

DISPOSITIONS DIVERSES

Circulaire relative à l'affranchissement de la correspondance de service des autorités militaires avec les personnes vis-à-vis desquelles elles ne jouissent pas de la franchise

(É. M., vol. 38) Paris, le 16 juin 1910.

Des difficultés se sont, à plusieurs reprises, élevées au sujet de la remise de la correspondance adressée, sous le couvert des autorités administratives ou de la gendarmerie, par les autorités militaires à des particuliers avec lesquels elles ne jouissent pas de la franchise postale.

Or, les maires peuvent, à bon droit, se refuser à transmettre aux particuliers tous les documents autres que les pièces d'état civil, et l'on ne saurait ajouter aux attributions de la gendarmerie, déjà fort lourdes, celle d'être l'intermédiaire obligatoire entre les autorités militaires et les particuliers.

Pour éviter, à l'avenir, toute difficulté, le ministre rappelle de la manière la plus formelle que toute correspondance de service des autorités militaires avec les personnes vis-à-vis desquelles elles ne jouissent pas de la franchise doit être affranchie et que les dépenses résultant de cet affranchissement incombent exclusivement aux indemnités de frais de service et de bureau fixées par les tarifs 17 et 18 annexés au décret du 27 décembre 1890 (*B. O.*, É. M., vol. n° 90).

Circulaire concernant la composition et le fonctionnement de la commission d'abatage des chevaux

(É. M., vol. 78 *bis*) Paris, le 23 septembre 1910.

La commission d'abatage prévue par l'article 129 du décret du 25 mai 1910 sur le service intérieur comprend :

Dans un régiment. . . .
- Un officier supérieur.
- Le capitaine de l'unité intéressée.
- Le vétérinaire ou les vétérinaires.

Dispositions diverses

Dans un groupe détaché.	Deux capitaines, dont celui de l'unité intéressée. Le vétérinaire.
Dans un détachement d'effectif moindre que le groupe.	Deux officiers appartenant autant que possible à l'unité intéressée. Le vétérinaire.

La présidence de la commission appartient (1) toujours à l'officier le plus élevé en grade ou le plus ancien (2).

FONCTIONNEMENT DE LA COMMISSION

Lorsque la commission d'abatage en a reconnu la nécessité, elle propose l'abatage immédiat; le colonel ou le chef de détachement prononce.

Le sous-intendant militaire, qui doit être prévenu à cet effet, établit un procès-verbal d'abatage (mod. A) en trois expéditions (3), qui est signé par le major et le vétérinaire.

Les avis de la commission et la décision prise au sujet de l'abatage sont résumés dans un rapport (mod. B), établi en une seule expédition et qui est joint au procès-verbal destiné au service de l'intendance.

---

(1) Dans les dépôts de remonte.	Deux officiers ou à défaut un officier. Le vétérinaire.
(2) Dans les annexes de remonte.	Conformément au dernier paragraphe de l'article 129 du service intérieur, le vétérinaire fera procéder à l'abatage et rendra compte au commandant du dépôt dont dépend l'annexe. Il ne sera pas établi de procès-verbal de commission d'abatage.

(3) 1 expédition pour le service de l'intendance.
1 — pour la décharge du comptable.
1 — pour le service vétérinaire.

Dispositions diverses

e CORPS D'ARMÉE

MODÈLE A

N° du registre du sous-intendant

e RÉGIMENT D

Instruction du 23 septembre 1910

Format : Papier écolier 31 × 20

PROCÈS-VERBAL D'ABATAGE D'UN CHEVAL (1)

Nous , sous-intendant militaire employé à , sur l'avis a nous donné qu'un cheval du e régiment d , devait être abattu, nous sommes transporté au quartier occupé par ledit régiment accompagné de M. , major dudit régiment.

Nous y avons trouvé M. , vétérinaire (2) , lequel nous a présenté un cheval signalé comme suit :

N° matricule :

Après avoir pris connaissance de l'avis de la commission régimentaire instituée pour l'examen des chevaux proposés pour l'abatage; vu l'autorisation d'abatage donnée par M. le et constaté l'identité dudit cheval, l'avons fait abattre immédiatement en notre présence.

De tout quoi, nous avons dressé le présent procès-verbal que ont signé avec nous.

A , le 19 .

Le Vétérinaire (2). *Le Major.*

Le Sous-intendant militaire.

DÉCISION

L'abatage du cheval qui fait l'objet du présent procès-verbal étant le résultat d'un cas de force majeure, la perte s'élevant à la somme de est laissée à la charge de l'État.

ou

est imputable à qui a été constitué débiteur envers l'État d'une somme de francs.

A , le 19 .

Le Sous-intendant militaire,

(1) Dans le cas où il a été impossible que le sous-intendant assiste à l'abatage, la rédaction du procès-verbal est modifiée en conséquence.

(2) Indiquer le grade.

Dispositions diverses

e CORPS D'ARMÉE

MODÈLE B

Instruction
du 23 septembre 1910

Format :
Papier écolier

e RÉGIMENT D

RAPPORT fait par la Commission régimentaire sur chev
atteint de maladie incurable dont on demande l'abatage

NUMÉRO matricule	SIGNALEMENT				MOTIF d'abatage	OBSERVATIONS
	Nom, robe et particularités	Sexe	Age	Taille		

AVIS DE LA COMMISSION

A , le 19 .

Les Membres de la Commission,

DÉCISION DU

A , le 19 .

Le

Circulaire relative à l'exercice du droit d'écrire par les militaires

Documents abrogés : Notes ministérielles des 3 mai 1853 et 31 janvier 1877; Ordre général du ministre de la guerre du 21 octobre 1871; Circulaires des 9 juin 1903, 11 juin 1906, 8 janvier 1907 et 28 mars 1907.

(É. M., vol. 31) Paris, le 11 août 1910.

Aux termes de l'article 76 du décret du 25 mai 1910 sur le service intérieur des corps de troupe (*B. O.*, É. M., vol. nº 78, p. 59), « les officiers peuvent, sous leur signature et sous leur responsabilité, publier des écrits. Quelles que soient la nature et la forme de ces publications, l'autorité militaire conserve tout pouvoir d'appréciation et de sanction vis-à-vis des auteurs dont les écrits seraient jugés préjudiciables à la discipline, à l'esprit militaire ou aux intérêts du pays.

. . . .

En conséquence, les officiers et assimilés de l'armée active, de la réserve et de l'armée territoriale n'ont plus à solliciter de l'autorité supérieure l'autorisation, soit de publier un ouvrage, quelque importance qu'il ait et quelque sujet qu'il traite, soit de collaborer à une revue ou de faire insérer un article dans un journal.

Ils doivent envoyer au ministre deux exemplaires [un au cabinet du ministre (correspondance générale), un à l'État-major de l'armée (bibliothèque)] de l'ouvrage qu'ils auront publié ou du numéro de la revue ou du journal dans lequel aura paru l'article qu'ils auront fait insérer.

Circulaire interprétative du décret du 7 octobre 1909 portant règlement sur le service de place

(É. M., vol. 75) Paris, le 17 juin 1910.

L'expression *tenue du jour*, employée dans le décret du 7 octobre 1909 sur le service de place, ayant été supprimée par le décret du 25 mai 1910 portant règlement sur le service intérieur des corps de troupe et remplacée par l'expression *tenue de sortie*, c'est dans ce dernier sens que doit être entendue l'expression *tenue du jour*, employée dans le premier des décrets susvisés.

Dispositions diverses

Circulaire portant modifications au modèle de cahier des charges pour la vente des fumiers du 20 juin 1909

(É. M., vol. 6; *V.-M.*, p. 935) Paris, le 19 janvier 1911.

Ajouter les dispositions suivantes à l'article 10 *in fine*, pour tenir compte des prescriptions de la circulaire du 11 juin 1910 (*B. O.*, P. R., p. 1061).

« Enfin, en cas d'épizootie qui exigerait, par raison d'hygiène, l'application de mesures particulières relativement aux fumiers provenant des chevaux malades, l'entrepreneur aura la faculté, soit de continuer purement et simplement son marché en se conformant aux mesures prescrites, soit de réclamer la suspension des effets de son marché, en ce qui concerne la portion du corps atteinte de l'épizootie. Pour lui permettre de prendre une décision à ce sujet, le chef de corps devra lui notifier l'existence de l'épizootie dès qu'elle sera reconnue, et lui indiquer les mesures prescrites relativement aux fumiers; l'entrepreneur devra faire connaître, dans un délai de quatre jours à dater de cette notification, s'il entend ou non continuer son marché pour la portion du corps atteinte. Faute par lui de faire connaître sa réponse dans ledit délai, il sera réputé consentir à la continuation de son marché sous les réserves indiquées dans la notification à lui adressée.

« Dans le cas où l'entrepreneur opterait pour la suspension de son marché, il n'aurait droit de ce fait à aucune indemnité, le corps resterait libre de disposer des fumiers contaminés au mieux de ses intérêts, et le marché reprendrait son plein et entier effet dans un délai de quatre jours à dater de la notification faite par le chef de corps à l'entrepreneur de la cessation de l'épizootie. »

TABLE ALPHABÉTIQUE DES MATIÈRES

BERTELOOT,

Vétérinaire major,

Membre de la Section technique vétérinaire.

Nancy, imprimerie Berger-Levrault

VADE-MECUM

DES

VÉTÉRINAIRES MILITAIRES

ACTIVE, RÉSERVE ET ARMÉE TERRITORIALE

Établi par le Ministère de la Guerre (Section technique vétérinaire)

Arrêté à la date du 1er mars 1909

1909. Un volume grand in-8 de 997 pages. broché . . . . **10 fr.**
Relié en percaline gaufrée or . . . . **12 fr.**

— **Ier Supplément,** ***arrêté à la date du 1er mars 1910.*** Volume in-8 de 143 pages, broché . . . . **2 fr.**

Dr O. KELLNER

CONSEILLER INTIME ET PROFESSEUR

DIRECTEUR DE LA STATION AGRONOMIQUE ROYALE DE MÖCKERN (SAXE)

PRINCIPES FONDAMENTAUX

DE

L'ALIMENTATION DU BÉTAIL

Traduit sur la troisième édition allemande

par **ACH. GRÉGOIRE**

INGÉNIEUR AGRICOLE

DIRECTEUR DE LA STATION DE CHIMIE ET DE PHYSIQUE AGRICOLES DE L'ÉTAT, A GEMBLOUX

1911. Un volume grand in-8 de 297 pages, broché . . . . **4 fr.**

Manuel de la Ferrure du Cheval

par **A. THARY**

VÉTÉRINAIRE DÉPARTEMENTAL, ANCIEN RÉPÉTITEUR DE ZOOTECHNIE A L'ÉCOLE D'ALFORT

ANCIEN PROFESSEUR DE MARÉCHALERIE A L'ÉCOLE DE CAVALERIE

1909. Un volume grand in-8 de 413 pages, avec 436 figures dans le texte, en reliure souple gaufrée or. . . . . **7 fr. 50**

Nancy, Impr. Berger-Levrault

www.ingramcontent.com/pod-product-compliance
Ingram Content Group UK Ltd.
Pitfield, Milton Keynes, MK11 3LW, UK
UKHW020606180726
13838UKWH00001B/450